本书由

大连市人民政府资助出版

The published book is sponsored

by the Dalian Municipal Government

大连理工大学学术文库

一维碳纳米材料及其复合结构

王治宇 著

大连理工大学出版社

图书在版编目(CIP)数据

一维碳纳米材料及其复合结构 / 王治宇著. — 大连：大连理工大学出版社，2016.3

(大连理工大学学术文库)

ISBN 978-7-5685-0217-7

Ⅰ. ①一… Ⅱ. ①王… Ⅲ. ①碳一纳米材料一研究 Ⅳ. ①TB383

中国版本图书馆 CIP 数据核字(2015)第 311586 号

大连理工大学出版社出版

地址:大连市软件园路 80 号　邮政编码:116023

电话:0411-84706041　邮购:0411-84708943　传真:0411-84706041

E-mail:dutp@dutp.cn　URL:http://www.dutp.cn

大连金华光彩色印刷有限公司印刷　大连理工大学出版社发行

幅面尺寸:155mm×230mm　印张:10　字数:136 千字

2016 年 3 月第 1 版　2016 年 3 月第 1 次印刷

责任编辑:遆东敏　陈　玫　责任校对:来庆妮

封面设计:孙宝福

ISBN 978-7-5685-0217-7　定　价:45.00 元

Dalian University of Technology Academic Series

One-dimensional Carbon Nanomaterials and Related Hybrid Structures

Wang Zhi-yu

Dalian University of Technology Press

序

教育是国家和民族振兴发展的根本事业。决定中国未来发展的关键在人才,基础在教育。大学是培育创新人才的高地,是新知识、新思想、新科技诞生的摇篮,是人类生存与发展的精神家园。改革开放三十多年,我们国家积累了强大的发展力量,取得了举世瞩目的各项成就,教育也因此迎来了前所未有的发展机遇。国内很多高校都因此趁势而上,高等教育在全国呈现出欣欣向荣的发展态势。

在这大好形势下,我校本着"海纳百川、自强不息、厚德笃学、知行合一"的精神,长期以来在培养精英人才、促进科技进步、传承优秀文化等方面进行着孜孜不倦的追求。特别是在人才培养方面,学校上下同心协力,下足功夫,坚持不懈地认真抓好培养质量工作,营造创新型人才成长环境,全面提高学生的创新能力、创新意识和创新思维,一批批优秀人才脱颖而出,其成果令人欣慰。

优秀的学术成果需要传播。出版社作为文化生产者,一直肩负着"传播知识,传承文明"的历史使命,积极推进大学文化建设和大学学术文化传播是出版社的责任。我非常高兴地看到,我校出版社能够始终抱有这种高度的使命感,积极挖掘学校的学术出版资源,以充分展示学校的学术活力和学术实力。

在我校研究生院的积极支持和配合下,出版社精心策划和编辑出版的"大连理工大学学术文库"即将付梓面市,该套丛书也获得了大连市政府的重点资助。第一批出版的是获得"全国百优博士论文"称号的6篇博士论文。这6篇论文体现了化工、土木、计算力学等几个专业的学术培养成果,有学术创新,反映出我校近几年博士生培养的水平。

评选优秀学位论文是教育部贯彻落实《国家中长期教育改革和发展规划纲要》、实施辽宁省"研究生教育创新计划"的重要内容，是提高研究生培养和学位授予质量，鼓励创新，促进高层次人才脱颖而出的重要举措。国务院学位办和省学位办从1999年开始首次评选，至今已开展14次。截至目前，我校已有7篇博士学位论文荣获全国优秀博士学位论文，30篇博士学位论文获全国优秀博士学位论文提名论文，82篇博士学位论文获辽宁省优秀博士学位论文。所有这些优秀博士论文都已经列入了“大连理工大学学术文库”出版工程之中，在不久的将来这些优秀论文会陆续出版。我相信，这些优秀论文的出版在传播学术文化和展示研究生培养成果的同时，一定会在全校范围内营造出一个在学术上争先创优的良好氛围，为进一步提高学校的人才培养质量做出重要贡献。

博士生是我们国家学术发展最重要的力量，在某种程度上代表了国家学术发展的未来。因此，这套丛书的出版必然会有助于孵化我校未来的学术精英，有效推动我校学术队伍的快速成长，意义极其深远。

高等学校承担着人才培养、科学研究、服务社会、文化传承创新四大职能任务，人才培养作为高等教育的根本使命一直是重中之重。2012年辽宁省又启动了“大连理工大学领军大学建设工程”，明确要求我们要大力实施“顶尖学科建设计划”和“高端人才支撑计划”，这给我校的人才培养提供了新的机遇。我相信，在全校师生的共同努力下，立足于持续，立足于内涵，立足于创新，进一步凝心聚力，推动学校的内涵式发展；改革创新，攻坚克难，追求卓越，我校一定会迎来美好的学术明天。

中国科学院院士

申长雨

2013年10月

前　言

神奇的大自然用不足百种的有限元素鬼斧神工般地造就了五彩斑斓、千变万化的物质世界。大到宇宙星系，小至分子原子，其结构无不精巧绝伦，体现了高度的和谐与简单之美。大千世界无奇不有，其中碳元素构筑了孕育于自然界怀抱之中万千生命的基本骨架，是多彩多姿的绚丽生命得以存在和繁衍的物质基础。从化学角度而言，碳的神奇能力是由其丰富多彩的 $sp^n(1\leqslant n\leqslant 3)$ 杂化键合状态所决定的，这使其成为元素周期表中唯一能形成众多价键和结构数的元素，也是唯一具有从零维至三维结构同素异形体的元素。

在不同的碳的同素异形体中，碳原子之间的成键方式有很大区别，其 sp^n 杂化键合状态不仅确定了碳基分子的空间结构，也决定了碳基固体的立体构型。当碳原子的杂化方式为 sp 时，形成的一维链状分子结晶即所谓的“卡宾”；sp^2 杂化的碳原子形成的是二维石墨层片平面结构；当碳原子之间以 sp^3 杂化轨道结合时，其 4 个 σ 键形成一个规则的四面体，成为三维金刚石原子晶体。除这些以固定杂化方式形成的规则碳晶体外，碳还可以以过渡形态存在。过渡形态的碳可分为两组：一组是由任意排列的不同杂化态（主要是 sp^2 和 sp^3）碳原子混合而成，具有短程有序三维结构的无定形炭，包括类金刚石炭、玻璃炭、活性炭及各种炭黑、烟炱、焦炭等，这类碳是人们日常生活中接触最多的炭材料；另一组则包括各种中间状态的碳如富勒烯、洋葱碳、碳纳米管等，在这些形态中碳原子的杂化状态用 $sp^n(1<n<3,\ n\neq 2)$ 来表示。

碳原子在电子结构上可以以多样的杂化状态存在并键合成各种各样的分子或原子晶体形态；在纳米尺度，这些形态又能以不同的方式和取向相互堆叠聚集，最终形成各种颗粒、气溶胶、薄膜、纤维等宏观结构。各种类型的碳物质所具有的性质几乎涵盖了地球所有物质的性质,有的甚至是完全对立的性质。

以碳纳米管为代表的一维碳纳米材料同时具有两维方向上的纳米尺度和一维方向上的宏观尺度,是近年来纳米功能材料制备及凝聚态物理研究领域的前沿热点之一,它们不仅具有纳米效应所导致的优异物理化学特性,更是连接微观世界和纳米介观世界的桥梁纽带。自碳纳米管发现以来,一维碳纳米材料的发展日新月异、日趋成熟,形形色色的一维碳纳米结构(如各种形态的碳纳米管、碳纳米纤维、碳-无机/有机复合材料)及其高级组装体系(如碳纳米管阵列、自组装结构、宏观体等)都已被制备出来。当进一步面向实用化应用时,开发可控性强、高效实用、物美价廉的合成方法就成为一维碳纳米材料研究工作中最为重要的环节。

近年来随着纳米技术的不断发展,现有的合成技术已不能全面满足碳纳米材料大规模应用的需求,廉价批量制备高质量的碳纳米材料(如碳纳米管等)已成为刻不容缓的需求。煤炭是古代植物遗体经生物化学作用,埋藏后再经地质作用转变而成的固体可燃性矿物,是18世纪以来人类世界使用的主要能源之一。我国煤炭储量丰富、价格低廉、碳含量高,因而也是制造各种新型碳材料的理想原料。研究表明,煤炭的综合利用可以制取各种高附加值的产品,如煤基碳纤维、中间相碳微球、分子筛及活性炭等。本书主要讲述煤基碳纳米管的制备工艺、生长机理、结构调控以及基于其的一维纳米电缆复合结构构筑方面的内容,不仅可以作为本科生的课外学习资料,也可作为从事煤化工、功能材料等相关专业研究生、研究人员的参考用书。希望本书的出版能丰富和发展我国碳纳米材料科学及煤化学的研究工作内容,如能对我国煤化工产业精细化发展有所裨益,则笔者幸甚。

本书获得大连市人民政府资助出版,在此致以谢意!

编　者

2016年1月

目　录

Table of Contents

1 碳纳米管

1.1 碳纳米管的发现

长期以来,人们一直认为碳的晶体结构只有两种,即石墨和金刚石,它们分别是碳原子经 sp^2 和 sp^3 杂化形成的晶体形式。然而在1985年以 C_{60} 分子为代表的富勒烯[5]和1991年碳纳米管[6]的发现却打破了这一传统观念,从此纳米炭材料开始在世界范围内成为众多研究者所瞩目的热点,开创了物理、化学和纳米材料研究的新领域。

富勒烯最初是在天体物理学家尝试制备碳原子簇以模拟宇宙尘埃的过程中发现的。1985年英国科学家Kroto和美国科学家Smalley及Curl在对激光蒸发石墨电极时得到的产物进行研究时首次使用质谱侦测到以 C_{60} 为主的碳原子团簇的存在,这一发现堪称人类科学研究史上的里程碑(图1.1.1)。C_{60} 是以12个五边形碳环和20个六边形碳环组成的封闭二十面体空心球状分子结构,分子直径为0.68 nm,是典型的零维碳结构。C_{60} 的宏观晶体结构为面心立方结构，它与具有相似结构的 C_{70}、C_{84} 等分子构成了碳家族的一个重要分支——富勒烯，为纳米尺度炭材料的研究开辟了新的天地。

   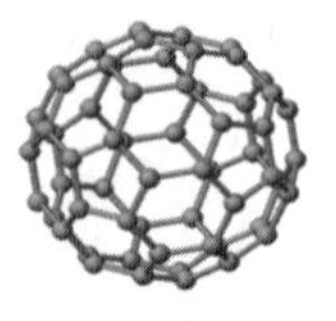

图 1.1.1 Kroto 教授、Smalley 教授、Curl 教授和他们发现的 C_{60} 分子[7]

Fig. 1.1.1 Profs. Harold Kroto, Richard Smalley, Robert Curl and their C_{60}[7]

在富勒烯研究的推动下，1991 年日本电子显微镜专家 Iijima 博士在使用高分辨电子显微镜观察电弧蒸发石墨产生的沉积物时发现了直径为 4～30 nm，长度约 1 μm，由 2～50 层石墨层片卷曲而成、具有空腔结构的新型碳晶体，它完全由碳原子构成，是继石墨、金刚石和富勒烯后又一种碳的同素异形体，人们将其命名为碳纳米管(Carbon nanotubes, CNTs)(图 1.1.2)。在 Iijima 发现的基础上，Ebbesen 和 Ajayan 于 1992 年研发出了纯度及产量更高的碳纳米管电弧放电合成方法[8]。从此，碳纳米管的研究热潮在世界范围内真正普及开来。

Iijima 发现的碳纳米管至少由两层石墨碳层组成，即多壁碳纳米管(Multi-walled carbon nanotubes，MWNTs)。1993 年他和美国科学家 Bethune 博士等又各自独立发现了由单层石墨层组成的单壁碳纳米管(Single-walled carbon nanotubes，SWNTs)，这是碳纳米管研究领域的又一重大进展[9,10]。此后双壁碳纳米管(Double-

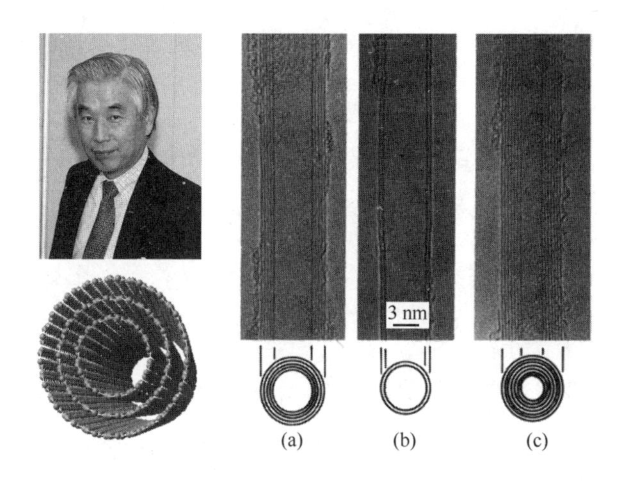

图 1.1.2 Iijima 博士及他发现的碳纳米管[6]

Fig. 1.1.2 Dr. Sumio Iijima and his CNTs[6]

walled carbon nanotubes,DWNTs)的合成及碳纳米管宏观体的制备更将碳纳米管研究越来越近地推向实际应用领域。多年来,随着人们对其结构、性质和应用研究的不断深入,碳纳米管及其相关学科现已成为世界纳米科学研究最为活跃的领域之一。

1.2 碳纳米管的结构和分类

碳纳米管可以看作是由平面石墨烯片卷曲而成,具有中空内腔结构的准一维管状大分子,从宏观上按照构成管壁的石墨烯片层数的不同,可将其分为单壁、双壁和多壁碳纳米管(图 1.2.1)。顾名思义,单壁碳纳米管就是仅由一层石墨烯片卷曲而成的碳纳米管，其典型直径在 0.75～3 nm；而多壁碳纳米管则是由多于两层的石墨烯片按照同心方式卷曲而成的，其管壁层间距为0.34 nm，典型直径在 2～30 nm；与单壁和多壁碳纳米管相比，双壁碳纳米管在结构上既具有单壁碳纳米管的理想形态，又可以看作是最简单的多壁碳纳米管，这赋予其与单壁和多壁纳米管相比更为独特的性质，因而在近年来受到了研究者的广泛关注。除此之外，研究者还发现许多形态更为特异的碳纳米管，如分枝碳纳米管（Y 形、T 形、L 形等）、竹节碳纳米管以及螺旋形碳纳米管等，一般认为其形成是由于碳纳米管管壁结构中非六元碳环的引入所导致的。

图 1.2.1　单壁、双壁以及多壁碳纳米管的结构模型图

Fig. 1.2.1　Structural models of single, double and multi-walled CNTs

在微观上，单壁碳纳米管可以看作是平面石墨烯在圆柱体上的映射，在映射过程中石墨烯片中六元碳环网格和碳纳米管轴向之间可能出现夹角。根据碳纳米管中六元碳环网格沿其轴向的不同取向可将之分为锯齿型、扶手椅型和螺旋型三种[11]。其中锯齿型和扶手椅型碳纳米管结构中六元碳环和轴向之间的夹角分别为 0°或 30°，不产生螺旋，也没有手性；而夹角在 0°至 30°之间的碳纳

米管其六元碳环网格有螺旋性，根据手性可以将之分为左螺旋和右螺旋两种。不同螺旋型碳纳米管的形成过程如图 1.2.2 所示，具体的卷积方式可以用点阵向量 $\boldsymbol{C}=n\boldsymbol{a}_1+m\boldsymbol{a}_2$（$n$ 和 m 为整数，$\boldsymbol{a}_1$ 和 $\boldsymbol{a}_2$ 是石墨烯单位向量）表示[12]。

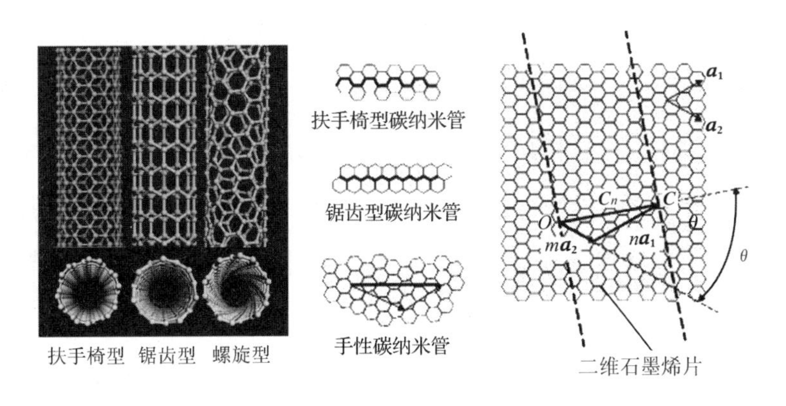

图 1.2.2 二维石墨烯片按照不同螺旋角度卷曲形成的三种碳纳米管结构示意图

Fig. 1.2.2 Structural model of three types of CNTs from two-dimensional grapheme sheet in terms of different chiral angle

除此之外，按照碳纳米管的导电性，还可以将其分为导体性碳纳米管和半导体性碳纳米管。单壁碳纳米管的导电性介于导体和半导体之间，其导电性能取决于碳纳米管的直径和螺旋角。对于半导体性碳纳米管，其能隙宽度与其直径呈反比关系，而导体性碳纳米管则可作为构筑纳米器件的导线在微纳电子器件中得到应用。

1.3 碳纳米管的制备方法

目前常用的碳纳米管合成方法有电弧放电法(Arc discharge),激光蒸发法(Laser ablation)和化学气相沉积法(Chemical vapor deposition)等。由于电弧放电法和激光蒸发法反应体系的温度都很高,因此合成的碳纳米管具有很高的晶化程度和纯度;化学气相沉积法合成碳纳米管的反应温度较低,被认为是实现碳纳米管批量生长和定向阵列合成的主要方法。

1.3.1 电弧放电法

电弧放电法是最早用于制备碳纳米管的方法之一。1991 年 Iijima 发现的碳纳米管就是在石墨电弧法合成富勒烯的产物中发现的。电弧放电法合成碳纳米管的基本原理是在一定气氛条件下利用电弧等离子体产生的高温使碳原子蒸发并重组形成碳纳米管(图1.3.1)。1992 年 Ebbesen 等对电弧法进行了系统的研究,发现通过优化缓冲气体种类、压力等可以高产率地制备碳纳米管且得到的碳纳米管纯度也较以往大大提高[8]。2000 年 Ishigami 等对电弧放电装置进行改进,实现了多壁碳纳米管的电弧放电法连续制备,该方法可达到 44 mg/min 的收率且所得产物质量较好[13]。在利用电弧放电法制备多壁碳纳米管的基础上,Iijima 等于 1993 年又成功合成了单壁碳纳米管[9];随后 Journet[14] 及 Liu[15,16] 等通过对电弧法放电的改进,成功地实现了克量级单壁碳纳米管的制备

(图 1.3.2)。2001 年,Hutchison 等在铁-钴-镍-硫复合催化剂的催化下,在氢气中用电弧放电法制备了双壁碳纳米管,他们认为氢气是制备双壁碳纳米管不可缺少的气氛条件[17];但随后 Sugai 等及 Huang 等就通过高温脉冲电弧或改变电极形状的手段在惰性气氛中实现了双壁碳纳米管的制备[18,19]。

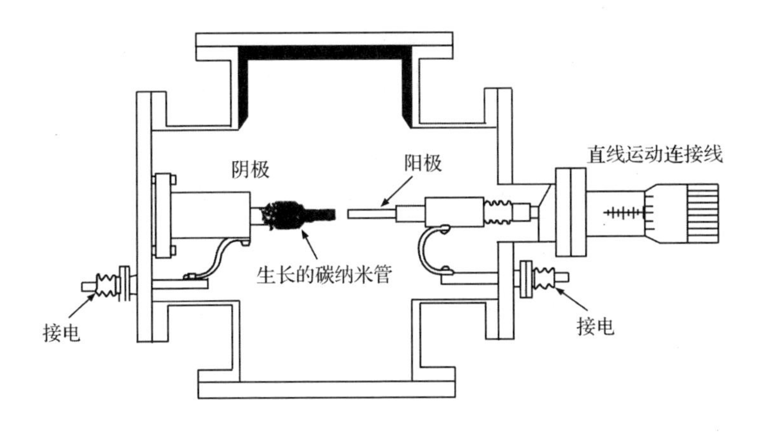

图 1.3.1 典型的电弧放电装置示意图

Fig. 1.3.1 Schematic illustration of a typical arc discharge apparatus

除此之外,由于传统的电弧放电法通常以昂贵的高纯石墨作为碳源前驱体,这使得碳纳米管的价格一直居高不下。为了寻求廉价的碳纳米管电弧放电制备原料,Pang[20-23]、Qiu[24-30] 及 Xie[31,32] 等都不同程度地开展了以煤为原料的碳纳米管电弧放电制备研究,他们发现以煤为碳源前驱体放电时碳纳米管的生长同时遵循两种机理,即传统的石墨电弧机理和由煤的独特化学结构决定的“弱键”机理,并且证明价廉高储的煤是制备包括多壁、单壁

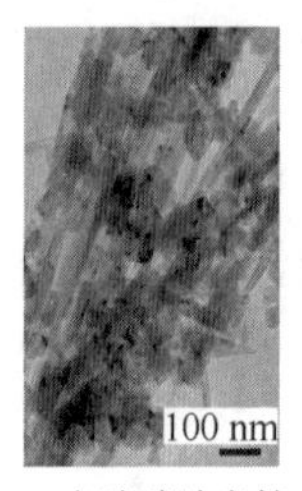

(a) 多壁碳纳米管

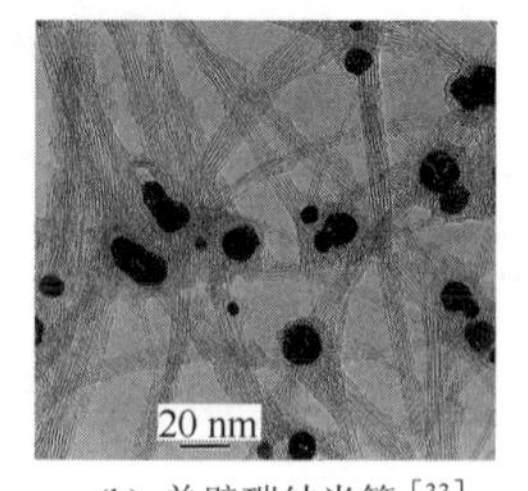

(b) 单壁碳纳米管[33]

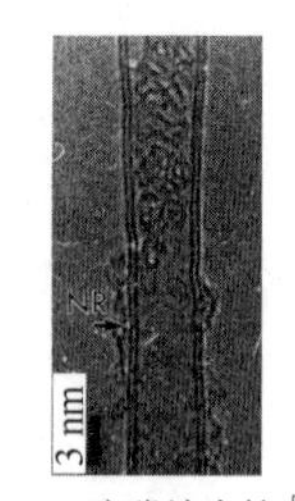

(c) 双壁碳纳米管[17]

图 1.3.2 使用电弧放电法制备的碳纳米管典型透射电子显微镜照片

Fig. 1.3.2 Typical TEM images of CNTs synthesized by arc-discharge method

及双壁碳纳米管在内的多种碳纳米管的理想碳源前驱体。

1.3.2 激光蒸发法

激光蒸发法合成碳纳米管的基本原理是通过高能激光束使碳原子和金属催化剂蒸发形成碳原子团簇，在催化剂作用下碳原子团簇重组形成碳纳米管并随着载气的流动沉积于收集器上，其反应装置简图如图 1.3.3 所示。激光蒸发法主要用于单壁碳纳米管的制备，1995 年 Guo 等用激光照射含有镍和钴的碳靶得到了单壁碳纳米管[34]。随后 Smalley 等对实验条件进行了改进，用双脉冲激光照射含有钴/镍催化剂的碳靶获得了高纯度的单壁碳纳米管束[35]。为了进一步提高单壁碳纳米管的产率，Yudasaka 等采用将金属/石墨混合靶改为相对放置的纯金属及纯石墨靶并同时受激光照射的方法对 Smalley 等的工艺进行了改进并获得成功[36]。激光蒸发法制备碳纳米管的突出优点是得到的碳纳米管晶化程度和纯度都较高，但昂贵复杂的实验设备是其广泛应用于碳纳米管合成的最大障碍。

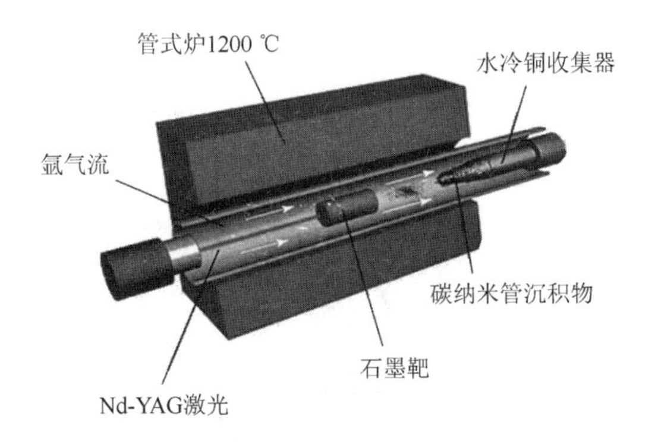

图 1.3.3 激光蒸发法制备碳纳米管的装置示意图[34]

Fig. 1.3.3 Schematic illustration of a typical laser ablation apparatus[34]

1.3.3 化学气相沉积法

化学气相沉积法是除电弧放电法和激光蒸发法之外制备碳纳米管的又一有效途径,其原理是在一定反应温度下使碳氢化合物气体在超细金属催化剂颗粒表面发生裂解,裂解产生的碳在催化剂颗粒内通过溶解—扩散—过饱和析出形成碳纳米管(图 1.3.4)。化学气相沉积法最高可以达到 50 kg/d 的产率[37],是最有潜力实现工业化生产的碳纳米管合成方法。利用化学气相沉积法,Yacaman 等于 1993 年首次实现了多壁碳纳米管的制备[38];此后 Dai[39] 及 Cheng[40,41] 等又分别于 1998 年通过甲烷及苯的催化裂解制备了单壁碳纳米管。在他们的方法中得到的单壁碳纳米管表面经常由于碳氢化合物热解而覆盖有无定形炭。为了解决这一问题,1999 年 Smalley 等利用一氧化碳歧化反应大量合成了高纯度的单壁碳纳米管[42]；2004 年 Iijima 等首次在化学气相沉积体系中引入氧化介质（水），也合成出了高纯的定向单壁碳纳米管[43]。除单壁和多壁碳纳米管外，2002 年 Cheng 等利用二茂铁为催化剂前驱体，噻吩为生长促进剂热解甲烷实现了双壁碳纳米管的化学气相沉积法制备[44]；2003 年 Flahaut 等使用氧化镁基钴催化剂裂解甲烷制备出了克量级的双壁碳纳米管[45]（图 1.3.5）。

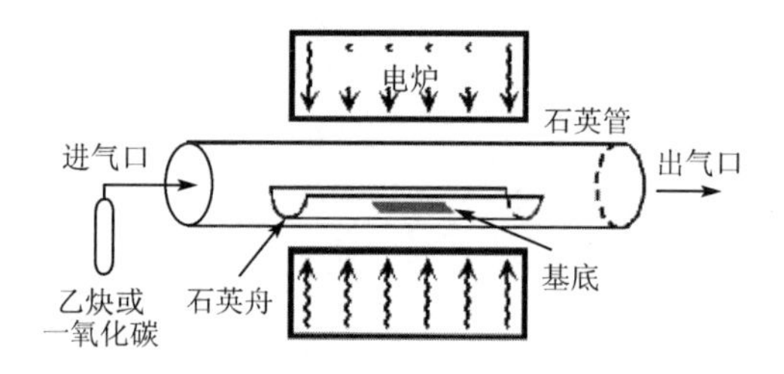

图 1.3.4　化学气相沉积法制备碳纳米管的装置示意图[46]

Fig. 1.3.4　Schematic illustration of a typical chemical vapor deposition oven

1998 年以后，在实际应用驱动下化学气相沉积法制备碳纳米管开始向阵列化、器件化的方向发展。1999 年，Fan 等在植入铁催化剂的多孔二氧化硅基体上裂解乙炔率先获得了垂直于基体生长的碳纳米管阵列结构[50]。同年 Xie 等通过对基片上催化剂颗粒分布的改善与控制制备了大面积、高密度、离散分布的多壁碳纳米管定向阵列结构并利用改进后的基底成功地控制了碳纳米管的生长模式[51]。Wei 等通过在二氧化硅/硅基体表面的图形设计实现了碳纳米管阵列结构的高选择性图案化生长，为碳纳米管在硅电子

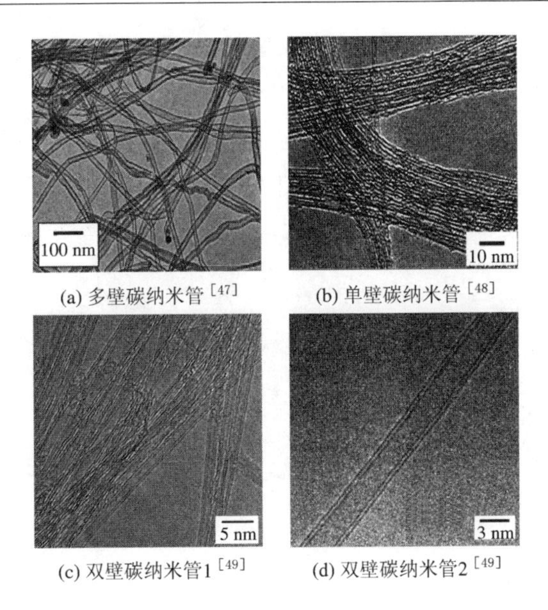

(a) 多壁碳纳米管[47]　(b) 单壁碳纳米管[48]

(c) 双壁碳纳米管1[49]　(d) 双壁碳纳米管2[49]

图 1.3.5　使用化学气相沉积法制备的碳纳米管典型透射电子显微镜照片

Fig. 1.3.5　Typical TEM images of CNTs synthesized by chemical vapor deposition

工业方面的应用奠定了基础[52,53]。除定向阵列外，Ajayan 等也利用气相沉积法对碳纳米管阵列结构的生长机理进行了深入研究并制备了一系列的器件如微过滤器、多功能碳刷等[54-56]（图 1.3.6）。

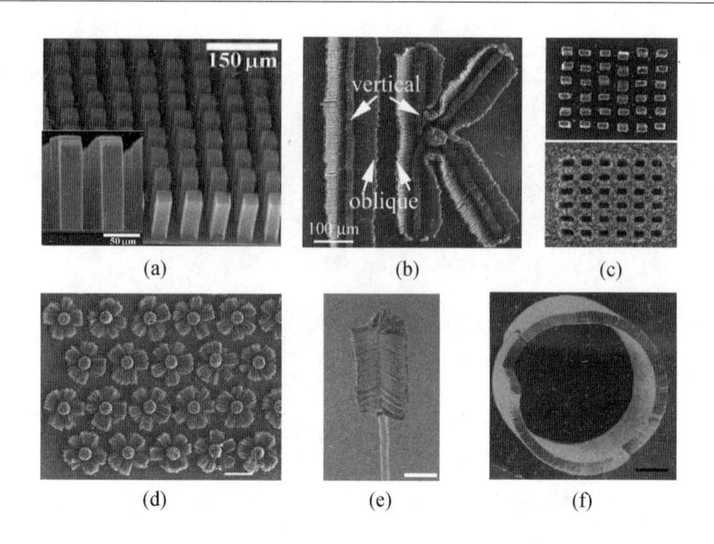

图 1.3.6 化学气相沉积法制备的(a)碳纳米管定向阵列[50]、(b-d)图案[52,53]及(e、f)基于此的微器件[60,61]SEM照片

Fig. 1.3.6 Typical SEM images of (a) aligned array[50]; (b-d) well-defined patterns[52,53] and (e,f) microdevices[60,61] of CNTs that prepared by chemical vapor deposition

1.4 煤基碳纳米管

自1991年首度报道以来，碳纳米管以其奇异的物理化学性质、优异的电子和机械性能在世界范围内掀起了广泛的研究热潮。尽管十余年来碳纳米管的制备取得了长足进展，但主流的制备方法仍然是电弧放电法和化学催化气相沉积法。电弧放电法的特点是在以电弧等离子放电引发的超高温(3000～5000 ℃)环境中使固

体碳源(如石墨)蒸发形成较小的碳微簇(C_1/C_2),继而通过连续沉积和结构重排形成管状碳结构,即碳纳米管。其突出优点是制备工艺简单可靠,生产周期短,所得碳纳米管晶化(石墨化)程度高,具有较为完美的微观结构,是制备高品质碳纳米管不可替代的方法之一。相对而言,化学催化气相沉积法可以实现碳纳米管的高产量、阵列化制备,这是电弧放电法不可比拟的优势,但由于其制备过程系统能量较低(600~1000 ℃),从而导致得到的碳纳米管石墨化程度较低,结构内部含有大量的微观缺陷,这大大限制了其在各方面的广泛应用。有鉴于此,十余年来电弧放电法一直是国内外碳纳米管研究者广泛研究并致力发展的热点领域之一。

在过去十余年间,广大国内外研究者不断致力于对电弧放电法的改进,以求得到物美价廉的碳纳米管制备技术。基于对电弧放电制备碳纳米管基本体系的改进,人们在如下几个方面进行了不懈的尝试:

(1)改变电弧放电体系中的放电介质

使用不同的气体介质(如氢气[57,58]、简单烃类(如乙烯[59]、甲烷[60])、空气[61])或液相介质(如水[62]、液氮[63]、熔融盐类[64-66]等)代替惰性气体(如氦气、氩气)作为放电介质进行放电以制备碳纳米管,其最为突出的成果当属以氢气为介质的双壁碳纳米管电弧放电制备[67]。

(2)调整电弧放电电极的结构

包括改变阳极的尺寸及其与阴极的相对方向[68]、采用多孔旋转阳极或碗状阳极进行电弧放电等[69]。此方面的代表是单壁碳纳米管的半连续电弧放电制备和碗状阳极条件下双壁碳纳米管的选择性制备[68,69]。

(3)采用多种碳源前驱体

使用高分子材料[70]、煤[71-81]等作为电弧放电制备碳纳米管的碳源前驱体进行反应。其中以廉价高储的煤代替昂贵的石墨作为碳源,低成本、高效率地实现各种类型碳纳米管的制备是引人瞩目的研究方向之一。

近年来,大连理工大学邱介山团队以煤为碳源前驱体,基于煤的化学结构和等离子电弧放电体系特点,利用电弧等离子技术发展了一系列碳纳米管的结构选控制备工艺方法。通过调节反应条件如电极构成、放电缓冲气体种类、催化剂等实现了双壁碳纳米管、线形多壁碳纳米管、分枝碳纳米管的选择性制备。

1.4.1 煤基碳纳米管的制备

鉴于煤中所含灰分大部分均对碳纳米管的生长具有抑制作用,且其存在降低了单位碳源前驱体用量下碳纳米管的产率,一般选取来自我国不同地区,灰分较低的无烟煤作为碳源前驱体(例如云南煤,分析数据见表1.4.1)。将煤样制成具有导电性的煤基炭棒以充当电极,一般制备过程如下:先将煤样粉碎至粒度小于150 μm烘干备用,然后将干燥的煤粉与还原铁粉催化剂以一定质量比混合均匀并加入煤焦油黏结剂后在高于200 MPa压力下模压制成直径10 mm左右的煤棒。为了使成型好的煤棒具有电弧放电所需的导电性，需将其置于电热炭化炉内进行炭化处理，具体工艺参数为：升温速率 5 ℃/min^{-1}，炭化温度 800 ℃，恒温炭化时间 2 h。炭化过程结束后即可得到导电性能良好、具有一定机械强度的铁催化剂掺杂煤基炭棒。

表 1.4.1 煤基碳纳米管制备典型实验用煤的分析数据

Tab. 1.4.1 Analysis data of typical coal sample used for making carbon nanotubes

煤样	工业分析 /%			元素分析 /%，daf				
	M_{ad}	A_d	V_{daf}	C	H	N	S	O*
云南煤	1.14	1.80	3.79	92.43	2.02	1.03	0.71	3.81

* 由差减法计算得到

碳纳米管的制备是在立筒式螺纹进给直流电弧放电反应器中进行的，其装置结构示意图见图 1.4.1。附属设备包括作为直流电源的直流电焊机、真空泵及反应器冷却用水冷管线。使用该装置产生的直流电弧等离子体可导致 3 000～5 000 ℃的高温，从而为碳纳米管的生长创造有利条件。实验过程中，以上述步骤制备的煤基炭棒作为阳极，高纯石墨棒作为阴极，使用高纯氦气作为缓冲气体在不同压力、工作电流和工作电压下进行放电。反应持续 10～20 min后关闭电源，使电弧等离子体熄灭，维持水冷系统运行至反应器完全冷却后打开反应器，即可在反应器的不同位置收获结构截然不同的碳纳米管。

直接使用煤粉作为碳源前驱体则是更为简便的煤基碳纳米管

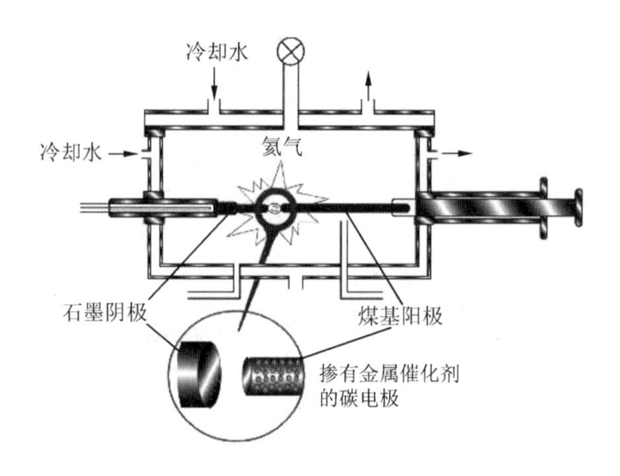

图 1.4.1 直流电弧放电反应器

Fig. 1.4.1 DC arc-discharge apparatus

制备方法，具体步骤如下：将未经任何前处理的煤样研磨形成煤粉后（粒度小于 150 μm）与催化剂粉末（粒度小于 150 μm）按一定质量比充分混合；将煤粉与催化剂混合粉末填入石墨管（外径 10 mm，内径 6 mm）中，压实作为放电阳极，使用高纯石墨电极作为放电阴极，以氦气为缓冲气体，在工作电压 20～24 V，工作电流 70～80 A，系统压力 0.08～0.09 MPa 下进行放电；反应持续 10～20 min 后关闭电源使电弧等离子体熄灭，维持水冷系统运行至反应器完全冷却后，打开反应器取出放电阴极并收集其前端表面上形成的黑色沉积物以备表征和使用。

1.4.2 煤基多壁碳纳米管

电弧放电结束后，阴极上有大量沉积物产生。按照其在阴极上的分布区域及表观特征的不同，可将之分为三类：阴极中心位置处是由一圈银灰色硬质物质(图 1.4.2 区域 B)和疏松的黑色内芯构成(图 1.4.2 区域 C)的铅笔状沉积物，其直径与放电阳极相近，长度随放电时间延长而增加；中心区域以外的阴极前端表面则沉积有厚度 1～2 mm 的疏松黑色粉末(图 1.4.2 区域 A)，即所谓的“衣领”沉积物[82]。对不同区域沉积物的透射电子显微镜表征发现：区域 C 及区域 A 的黑色沉积物中均含有大量多壁碳纳米管，区域 B 的沉积物则基本都是玻璃炭。尽管在两部分沉积物中均含有碳纳米管，但值得注意的是在不同位置得到的碳纳米管形态差异颇大：在阴极中心区域(区域 C)得到的碳纳米管具有类似针状晶须形态(图 1.4.3(a))，管腔直径仅为 5～10 nm(图 1.4.3(b))，管壁由数层碳层构成，是文献报道中电弧放电法制备的碳纳米管的典型形态；而在阴极边缘区域(区域 A)得到的碳纳米管则形态弯曲，直径较大，其内腔直径可达 40～50 nm(图 1.4.4(a,b))，管壁由数十层碳层组成并存在较多结构缺陷，形态上与常规化学气相沉积得到的碳纳米管十分类似，但石墨化程度更高。对这两类碳纳米管管壁的高分辨透射电子显微镜研究表明，其碳层间距均为 0.34 nm左右，略大于平面石墨碳(JCPDS 41-1487)的(002)面间距(d_{002} = 0.337 6 nm)，这是由于平面石墨碳层卷曲形成碳纳米管时碳原子由 sp^2 杂化向 sp^n ($2<n<3$)杂化转变所致的。图 1.4.4(d)是多壁碳纳米管的选区电子衍射花样，图中来自碳纳米管管壁的衍射花样呈现为以中心斑为对称中心的一对短弧，根据花样进行

计算可知此多壁碳纳米管管壁碳层间距为 0.34 nm 左右，与高分辨透射电子显微镜分析结果一致。

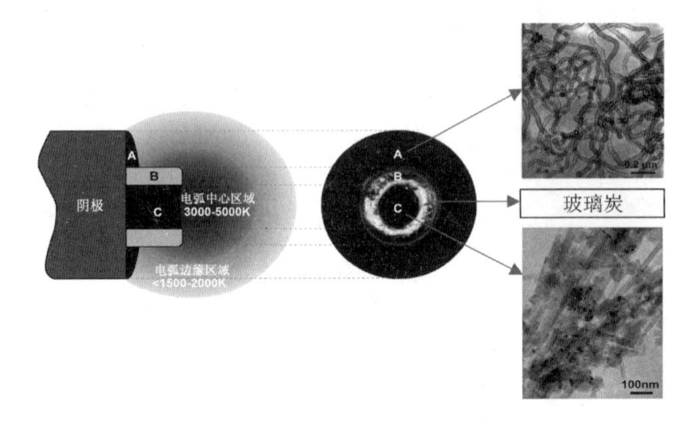

图 1.4.2 电弧放电产物在阴极上的分布：沉积于区域 A、C 的主要是碳纳米管，沉积在区域 B 的主要是玻璃炭

Fig. 1.4.2 The distribution of deposits on cathode after arc discharge: CNTs are located at area A and C, glassy carbon can be found at area B.

对阴极边缘区域得到的碳纳米管的拉曼光谱分析见图 1.4.5，图中位于 1 590 cm^{-1} 处的强峰来自于石墨有序层片结构的振动模式，称为 G 模或 G 峰(G mode)，位于 1 320 cm^{-1} 处的弱峰则来自于无序碳结构和缺陷的振动模式，称为 D 模或 D 峰(D mode)，二者的相对强弱可以体现出产物的石墨化程度。由图可见该碳纳米管样品的 G 模强度远高于 D 模强度，即其石墨化程度良好，这与透射电子显微镜分析结果非常一致。

在不使用任何催化剂的情况下以煤作为碳源前驱体时，在相同条件下只有在阴极中心区域(区域 C)有碳纳米管生长。这表明

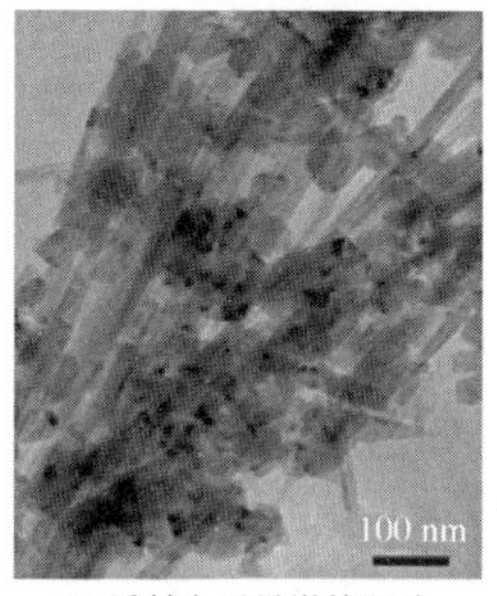

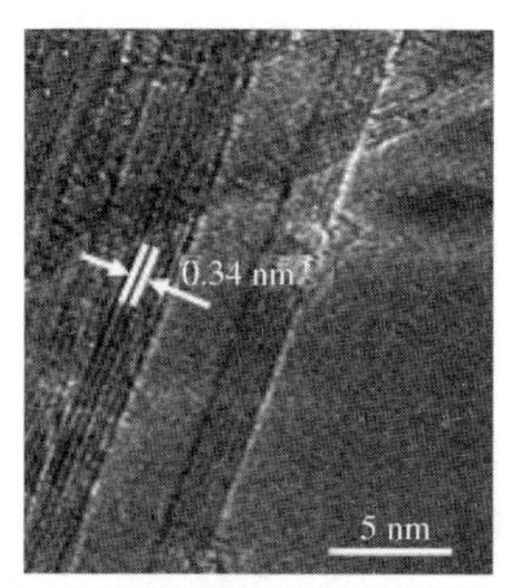

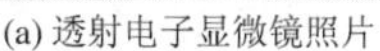

(a) 透射电子显微镜照片　　(b) 高分辨透射电子显微镜照片

图 1.4.3　在图 1.4.2 中阴极中心区域 C 处得到的多壁碳纳米管 TEM 和 HRTEM 照片

Fig. 1.4.3　CNTs present in center area of the cathode, as marked by ‘C’ in Fig. 1.4.2, of which the TEM and HRTEM images are shown

碳纳米管在阴极中心区域(区域 C)处的生长并不依赖催化剂的存在,与文献报道一致[83];而在阴极边缘区域(区域 A)催化剂的存在对于碳纳米管的生长具有至关重要的作用,这与化学气相沉积生长碳纳米管的情况十分类似[84]。事实上,在电弧放电产生的等离子体中心区其温度可达 3 000～5 000 ℃,此温度足以克服碳纳米管生长的能垒而使其在无催化剂存在的情况下直接生长,而在电弧等离子体边缘区域存在较大的温度梯度,其温度仅为 1 500～2 000 ℃,在此温度下只有使用催化剂降低碳纳米管成核所需的系统能量才可能引发其生长,这清楚地表明在不同阴极区域碳纳米管生长所遵循的机理差异甚大。此外,对比由阴极不同区域获得的碳纳米管电子显微镜照片(图 1.4.3 及图 1.4.4)可见:在阴极边缘区域(区域 A)获得的碳纳米管具有与化学气相沉积法

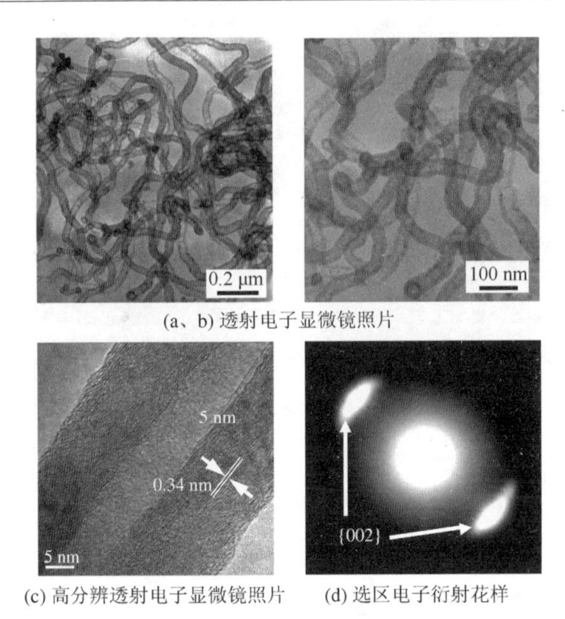

(a、b) 透射电子显微镜照片

(c) 高分辨透射电子显微镜照片　(d) 选区电子衍射花样

图 1.4.4　在图 1.4.2 中阴极边缘区域 A 处得到的多壁碳纳米管

Fig. 1.4.4　CNTs present in margin area of the cathode, as marked by ‘A’ in Fig. 1.4.2

获得的碳纳米管更相似的形态和质量，结合其生长对催化剂的依赖性，可以推断在该区域碳纳米管的生长可能遵循类似化学气相沉积生长碳纳米管的机制。鉴于在该区域反应温度仍然比常规化学气相沉积法所用温度(600～1 000 ℃)高得多，因此可以将此机理归于高温化学气相沉积(如“Flash CVD”[85])的范畴，其中催化剂的作用与常规化学气相沉积过程中催化剂的作用类似，都对引发碳纳米管的成核生长起到了关键作用。

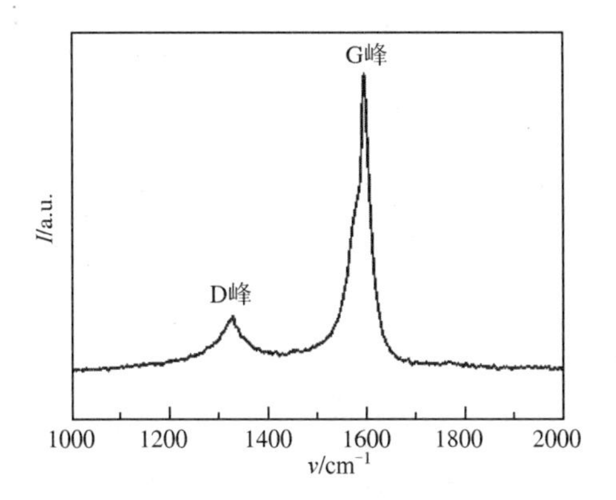

图 1.4.5 在图 1.4.2 中阴极边缘区域 A 处得到的多壁碳纳米管的拉曼谱图

Fig. 1.4.5 Raman spectrum of CNTs present in margin area of the cathode, as marked by ‘A’ in Fig. 1.4.2

除催化剂外，碳源前驱体也对碳纳米管的生长影响甚大。当以石墨代替煤作为碳源前驱体时，在相同条件下于阴极边缘区域(区域 A)只能得到诸如碳包覆金属颗粒、无定形炭等杂质，这表明煤在碳纳米管的生长过程中不仅起到供给碳源的作用，更重要的是对碳纳米管的生长机制产生了关键性的影响。除此之外，文献一般认为铜催化剂与碳的结合力很弱，不能形成稳定或亚稳态的化合物，因而对碳纳米管的生长基本没有催化作用[85,86]，而当以煤代替石墨作为碳源前驱体时，铜却可以高效催化碳纳米管的生长，由此可以进一步推断电弧放电条件下煤的存在对多壁碳纳米管生长机制的影响可能与煤的热分解及其与铜催化剂之间的相互作用有关。

对于煤及石墨作为碳源前驱体对碳纳米管生长的影响可以从

其化学结构和化学组成两个方面来综合考虑。石墨是具有规则六方晶格的纯碳质元素结晶体，其层内碳原子之间以共价键结合，键长 0.142 nm，键能 345 kJ/mol，在电弧放电过程导致的高温条件下，其蒸发必须经历其晶体内部所有碳—碳键的破坏[87,88,89]；而与纯碳成分、具有规则晶体结构的石墨不同，煤具有不规则聚合大分子结构特征，可视为由基本结构单元（主要是简单多环芳烃）、基本结构单元外的官能团、烷基侧链基团及连接在基本结构单元之间的桥键（主要是如醚键、$—CH_2—CH_2—$等弱键）组成的空间网状大分子结构[88-93]。在电弧等离子体导致的高温及活化作用下，煤中的桥键由于较低的键能优先于其基本结构单元断裂，从而释放出大量聚合芳核碎片[87,89-94]，在温度极高的电弧中心区域，这些聚合芳核碎片完全裂解成为简单的 C_1 或 C_2 团簇并按照石墨电弧机制形成碳纳米管，而在电弧边缘的低温区域这些芳核碎片只能部分裂解成简单碳氢化合物片段，从而在该区域形成类似于碳氢化合物催化热解的气氛条件。在此条件下，尽管铜不能如铁、钴、镍等活泼金属一样形成稳定或亚稳态的碳化物相以使碳纳米管按照“溶入-析出”机理生长成核[95]，但由煤中释放出的芳核碎片及碳氢化合物片段可以通过在铜催化剂团簇表面的脱氢反应降低其与碳结合所需的能量，从而使碳纳米管的成核生长成为可能[96]；而石墨在电弧等离子体中的蒸发仅能形成与铜催化剂结合能力较弱的碳团簇，因而碳纳米管无法生长。鉴于此过程与化学气相沉积的相似性及其与化学气相沉积在温度和反应环境上的差异，笔者称其为电弧等离子体辅助下的高温气相沉积过程。

1.4.3　煤基分枝碳纳米管

以煤为碳源前驱体制备碳纳米管的过程所遵循的机制是传统电弧放电机制与高温化学气相沉积机制共同作用的结果，其过程更为复杂和多元化。当以铜为催化剂制备煤基多壁碳纳米管时，通过调节铜催化剂浓度可进一步控制得到的碳纳米管形态向更为复杂的分枝形态（Y 形、T 形）转变（图 1.4.6）。研究表明：这些分枝结构的形成是由于构成碳纳米管管壁的六元碳环网格中五元环/七元环拓扑缺陷的引入造成的[97,98]，这些缺陷的存在使得碳纳米管的结构和性质连续性发生突变，从而赋予分枝碳纳米管（Branched carbon nanotubes，BCNTs）独特的电学、热学、机械及储氢性能[99-106]。在应用方面，分枝碳纳米管是将单独的碳纳米管连接起来的最简便方法，这对于基于碳纳米管的二维/三维纳米器件构筑具有重大意义[107,108]；分枝碳纳米管还是理想的纳米晶体管，改变一个分枝上的电压就可以方便地调节流经另外两个分枝的电流，而体积却比现有的硅材料微电子设备要小得多且处理速度更加快捷[99,104,106]；除此之外，分枝碳纳米管还可以作为网状增强纤维应用于高性能复合材料中[109]。

鉴于分枝碳纳米管的潜在应用前景，研究者对其制备进行了广泛的研究并发展出多种有效合成方法，其中最具代表性的有三类，即阳极氧化铝模板法[110]、电弧放电法[111,112]及催化化学气相沉积法[99,104,113-118]。本研究利用煤作为碳源前驱体对分枝碳纳米管

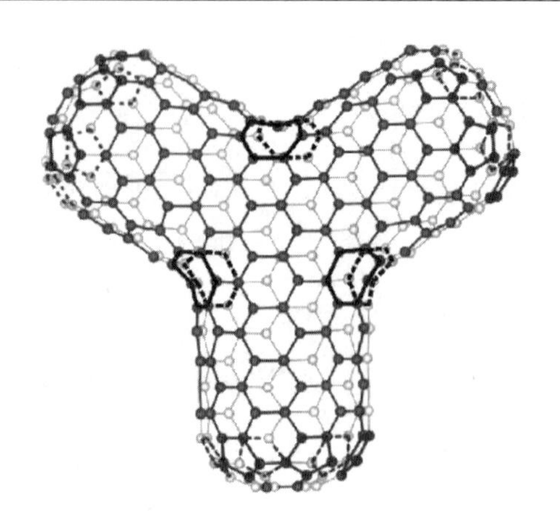

图 1.4.6 理想分枝碳纳米管的结构模型示意图[97]

Fig. 1.4.6 Structural model of BCNTs[97]

的电弧放电制备进行了探索。分枝碳纳米管的制备过程与多壁碳纳米管类似,其中煤粉与催化剂粉末(氧化铜粉,粒度小于 150 μm)的质量比为 7∶3,放电参数为:工作电压 25～30 V,工作电流 70～80 A。放电沉积物在阴极上的分布与多壁碳纳米管相似(参见图 1.4.2),仅在阴极边缘“衣领”区域(图 1.4.2 中区域 A)的沉积物中含有分枝碳纳米管,其透射电子显微镜照片见图 1.4.7。由图可见产物中 90%以上的碳纳米管均非常见的线形形态,而是具有明显的分枝结构,即分枝碳纳米管。这些分枝碳纳米管具有与化学催化气相沉积得到的碳纳米管类似的形态,长可达数微米,其主干和分枝部分具有均一的直径(外径 50～60 nm,内径 40～50 nm),二者之间的夹角由锐角至钝角不定。图 1.4.7(b)是两处分枝部位的放大图像,其中分枝 A 与碳纳米管主干之间的夹角均为钝角,形成类似于“T”字的形状；而分枝B与碳纳米管主干之间有一个夹角为锐角，其他两个夹角均为钝角，形成类似于“Y”字的形状。无论分枝角度如何，在分枝部位碳纳米管内腔总是贯通的，表明在此部位碳纳米管的生长是连续的。一般而言，碳纳米管分枝的产生是由于在其管壁碳层六元碳环网格中五元环/七元环拓扑缺陷结构的引入所致，其中五元环缺陷产生正曲率，而七元环缺陷产生负曲率。由图1.4.7可见，煤基分枝碳纳米管其分枝部分仅有负曲率的存在，这表明其形成是由七元环缺陷的引入导致。除此之外，分枝碳纳米管在形态上的另一个共同特点是在其分枝部位处碳纳米管主干生长方向改变很大，这可能是分枝部位碳层扭曲张力作用平衡的结果[114]。

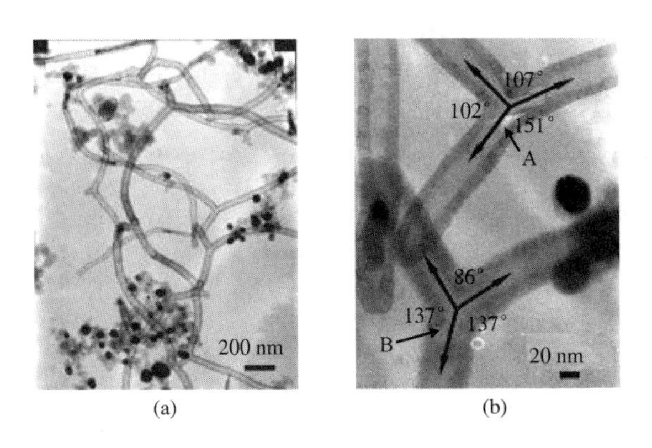

图1.4.7　分枝碳纳米管的透射电子显微镜照片

Fig. 1.4.7　TEM images of the BCNTs

在透射电子显微镜表征中，值得注意的普遍现象是在大部分分枝碳纳米管内均存在有大小约为 100 nm，随分布在分枝碳纳米管内部位置不同而形态各异的催化剂颗粒，如图 1.4.8 所示。一般而言，分布于分枝碳纳米管端部的催化剂颗粒具有“梨形”形态，而分布于其中部的催化剂颗粒则大多由于管腔几何结构的限制呈现三角形形态，EDX 分析（图 1.4.8(b)左上角插图）显示这些催化剂的主要成分是铜，这表明分枝碳纳米管的形成可能是由铜催化剂引发的。此外，在分枝碳纳米管中，与催化剂颗粒共同存在的是位于碳纳米管管腔内部的类竹节结构，这些竹节结构在同一碳纳米管内沿一致方向生长，因而可以根据其方向大致判断分枝碳纳米管的生长方向，如图 1.4.8(b)中可以根据分枝碳纳米管内竹节结构的生长方向标示出该碳纳米管的可能生长方向。

图 1.4.9 是分枝部位的高分辨透射电子显微镜照片。分枝碳纳米管的分枝部位具有较为复杂的碳层结构。如在 A 部位碳层平行于碳纳米管轴向方向连续生长，而在分枝角较为尖锐的 B 部位相应的碳层结构严重扭曲并出现乱层现象，在 C 部位碳层生长方向则不再与碳纳米管轴向方向平行，从而形成类似于“鱼骨状”的管壁结构。在 Deepak 等气相沉积制备分枝碳纳米管的研究中得到的碳纳米管分枝区域处也具有类似的复杂结构[114]，这表明电弧等离子体中煤基分枝碳纳米管的生长机理可能与化学气相沉积过程中分枝碳纳米管的生长存在共通之处。电弧放电的实质是在适当条件下使气体电离导电进而引发的气体放电现象，在此过程中电能转换为热能和光能。一般制备碳纳米管常用的气体介质有氢

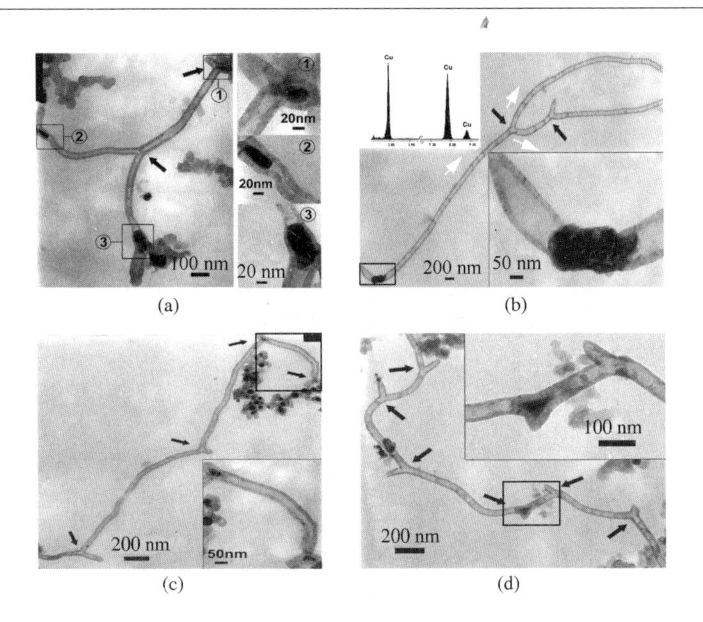

图 1.4.8　具有不同分枝数目的分枝碳纳米管透射电子显微镜照片：各图插图是碳纳米管中包含的催化剂颗粒的高分辨率照片；(b)左上角插图为催化剂颗粒的 EDX 图谱

Fig. 1.4.8　TEM images of BCNTs with two (a, b), four (c) and six (d) junctions, as marked by black arrows. The high magnification images of catalyst particles with different shapes are shown in insets of corresponding figures. The EDX spectrum of the catalyst particles is shown in the inset of (b)

气、氮气、氩气和氦气等，由于其不同的物理性质如电离度和热导率等，从而对电弧放电以及同时进行的碳纳米管形成过程产生非常大的影响。使用氮气、氩气和氦气作为放电缓冲气体对分枝碳纳米管的生长进行了考察，实验结果总结如表 1.4.2 所示。结果发现具有最大电离电位及热导率的氦气最适于分枝碳纳米管的制备,这可能是由于氦气在电离时产生的电弧温度最高,从而有利于碳源充分热解和碳纳米管形成速率的增加,分别体现为阴极沉积物及其中碳纳米管含量的大幅度增加。

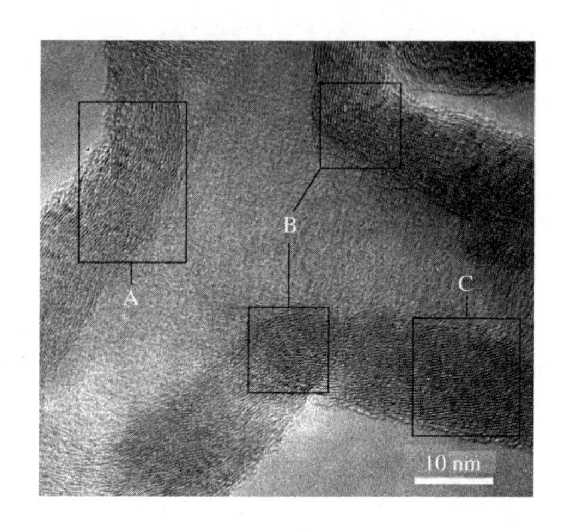

图 1.4.9　分枝碳纳米管的高分辨透射电子显微镜照片

Fig. 1.4.9　HRTEM image of BCNTs

表 1.4.2　不同放电缓冲气体中分枝碳纳米管的制备

Tab. 1.4.2　Synthesis of BCNTs by arc discharge in different atmosphere

气体类型	电离势/V	导热系数/($\times 10^5$ cal/sec·cm·K)	在阴极上的沉积数量	分枝碳纳米管产量
N_2	13.5	5.86	极少	极少
Ar	15.8	3.88	较少	较低
He	23.5	33.60	大量	较高

除缓冲气体种类外,缓冲气体压力也对分枝碳纳米管的制备具有很大影响。以氦气为缓冲气体举例,当其压力在 0.05 MPa 以

上时碳纳米管的产量较高；将缓冲气体压力进一步提高到 0.08～0.09 MPa 时，尽管碳纳米管的产量未见提高，但分枝碳纳米管在产物中的纯度则由 70%左右大幅度提高至 90%以上（通过透射电子显微镜观察估算）；而当缓冲气体压力降至 0.01～0.02 MPa 时分枝碳纳米管产量及纯度均较压力较高时大大下降，在此条件下阴极沉积物多为玻璃炭，富勒烯也主要在此压力范围内形成（见表 1.4.3）。

表 1.4.3　　不同氦气压力下分枝碳纳米管的制备

Tab. 1.4.3　Synthesis of BCNTs by arc discharge at different pressure of He

气体压力/MPa	电流/A	电压/V	分枝碳纳米管产量	分枝碳纳米管纯度
0.01～0.02	40～50	40	较低	<10%～20%
0.05～0.06	70～80	25～30	较高	～70%
0.08～0.09	70～80	20	较高	～90%

此外，分枝碳纳米管的生长同样对铜催化剂的使用具有严格的依赖性，这表明其是在接近于化学气相沉积的机制下生长的。研究表明，不仅提高氦气压力有助于增加铜催化分枝碳纳米管生长的选择性，而且铜催化剂的用量同样对分枝碳纳米管的生长，特别是其纯度影响甚大。选择不同的铜催化剂用量，以氦气为缓冲气体，在 0.08～0.09 MPa 下进行放电反应，可以得到分枝碳纳米管纯度随铜催化剂用量变化的趋势曲线（图 1.4.10）。当铜催化剂用量少于 10%时，生成的是最为常见的线形碳纳米管；随着铜催化剂用量增加到 10%～20%，产物中开始出现分枝碳纳米管和填充

有铜的碳纳米管；当铜催化剂用量达到30%时，分枝碳纳米管的纯度可达90%以上，继续增加铜催化剂用量，分枝碳纳米管的纯度反而下降，这表明分枝碳纳米管生长的选择性随铜催化剂用量变化存在一个最佳值。

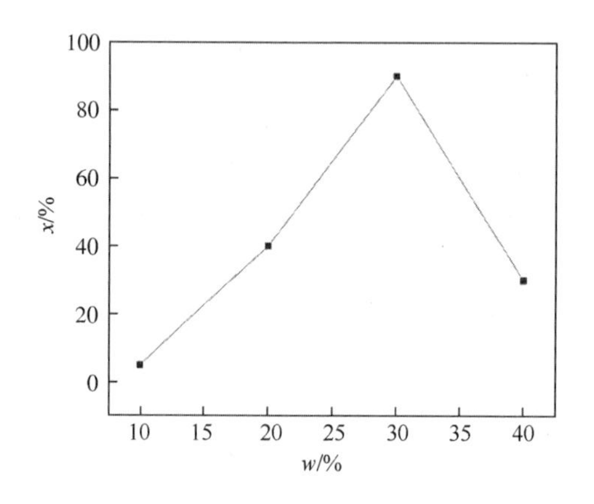

图 1.4.10　铜催化剂用量对分枝碳纳米管纯度的影响

Fig. 1.4.10　Effect of Cu catalyst loading in coal on the purity of BCNTs

以往化学气相沉积法制备碳纤维或碳纳米管的文献报道均认为铜对碳纤维或碳纳米管的生长具有很弱的催化活性，这一方面是由于铜与碳的结合能非常低(0.1～0.144 eV/atom)[105]，因而不能形成稳定或半稳定的碳化物相[95]，另一方面则是由于在高温下碳在铜中基本没有溶解能力[85]，因而使碳纳米管或碳纤维生长成核所必需的“溶入-析出”过程不能进行。但近年来的研究发现：与一般的金属催化剂如铁、钴、镍等不同，铜对碳纳米管生长的催化性能对其颗粒尺寸及形状十分敏感，只有当达到纳米尺度后铜才可能在特定条件(如氢电弧或气相沉积)下对碳纳米结构的生长起到催化作用[118,119]。在电弧等离子体条件下,高达数千度的温度使铜催化剂气化并在适宜条件下凝固形成粒度在纳米尺度的催化剂颗粒,而煤热解释放出的碳氢化合物碎片则可以同时创造出类似于氢电弧或碳氢化合物高温气相热解的气氛条件从而使铜催化碳纳米管的生长成为可能;在进一步的碳纳米管生长过程中,由于具有适宜尺寸的铜催化剂在催化生长碳纳米结构时有利于 sp^2-sp^3 混合键态的生成[118],从而导致碳纳米管结构中鞍形曲面的形成并使得分枝结构得以生长。在此过程中,铜催化剂的用量直接影响电弧等离子体中铜团簇的浓度,进而影响随即形成的铜催化剂颗粒的尺寸和形状并使之具有不同的催化效果,结果对分枝碳纳米管的生长产生显著影响。

除此之外,对分枝碳纳米管端部进行的考察也表明其是自铜纳米颗粒上生长出来的,典型的透射电子显微镜照片见图 1.4.11。大部分分枝碳纳米管端部都生长有尺寸与其管径相近的纳米颗粒,EDX 分析表明这些颗粒的主要成分为铜,即分枝碳纳米管是由铜纳米颗粒催化生长出来的。根据透射电子显微镜表征可以推测这种分枝碳纳米管的生长过程大致如下:首先由煤热解生成的碳氢化合物碎片在铜催化剂上吸附并在其表面通过脱氢反应降低系统能量形成碳层;在此过程中碳层在铜催化剂颗粒表面上分布的不均匀性必然导致张力存在并使铜催化剂颗粒某些区域曲率增加(表现为催化剂颗粒的“梨形”形态)从而不利于碳氢化合物碎片的继续吸附,而在催化剂颗粒表面曲率减小的区域碳氢化合物碎片吸附更加容易;当碳在这些区域达到过饱和浓度后,碳层便会自碳氢化合物吸附能力较弱的催化剂表面优先析出并在铜催化剂的 sp^2-sp^3 混合键态催化能力作用下最终形成分枝碳纳米管;在分枝碳纳米管生长过程中,碳纳米管管壁产生的张力可能导致催化剂颗粒劈裂,其中较大的部分仍留在碳纳米管端部继续催化其生长,而较小的部分(尺寸小于碳纳米管直径)则可以随着碳纳米管的生长前行并最终留在碳纳米管内部形成如图 1.4.8 所示的情形。

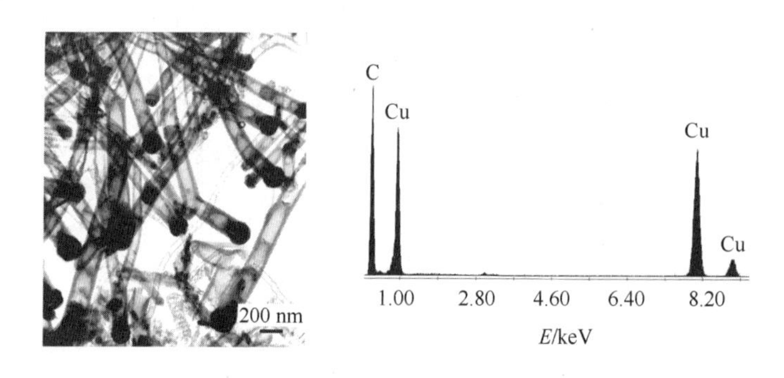

图 1.4.11 分枝碳纳米管端部的透射电子显微镜照片及其 EDX 谱图

Fig. 1.4.11 TEM image and EDX spectrum of the growth end of BCNTs

与煤基多壁碳纳米管的制备类似,煤也在分枝碳纳米管的生长过程中起到了关键作用。当以石墨代替煤作为碳源前驱体时,同样无法在相同条件下制备分枝碳纳米管。此外,还选取另外三种煤(大同煤、上湾煤和台吉煤,代替云南煤作为碳源前驱体对分枝碳纳米管的制备进行了考察。表 1.4.4 是三种煤的分析数据,为方便比较，云南煤的相关数据也一并列于其中。

表 1.4.4 不同煤种的分析数据

Tab. 1.4.4 Analysis data of coal samples used

煤样	煤种	工业分析/%			元素分析/%, daf				
		M_{ad}	A_d	V_{daf}	C	H	N	S	O*
云南煤	无烟煤	1.14	1.80	3.79	92.43	2.02	1.03	0.71	3.81
大同煤	烟煤	1.98	11.47	11.90	87.35	2.40	0.92	0.56	8.77
上湾煤	烟煤	9.69	6.62	33.80	79.88	3.80	0.97	0.47	13.88
台吉煤	烟煤	1.30	8.57	40.43	83.31	5.17	0.88	0.19	9.45

* 由差减法计算得到

以此四种煤作为碳源前驱体均可制备得到碳纳米管，但产物中分枝碳纳米管的比例随煤种不同而差异甚大。图 1.4.12 是由此四种煤制得的分枝碳纳米管的透射电子显微镜照片，对碳纳米管样品进行的广泛透射电子显微镜观察发现：以云南煤作为碳源前驱体时得到分枝碳纳米管纯度可达 90%以上，这表明云南优质无烟煤是制备分枝碳纳米管的优良碳源前驱体；而以大同煤作为碳源前驱体时分枝碳纳米管的纯度仅有 20%左右，为清晰起见，以四种煤作为碳源前驱体得到分枝碳纳米管的纯度与煤种的关系示于图 1.4.13。在此基础上的进一步研究表明：分枝碳纳米管的纯度与各煤种的灰分存在一定的对应关系，随煤种灰分含量自 1.80%增加到 11.47%，分枝碳纳米管的纯度从 90%以上骤降至不足 20%，这表明煤中含有的灰分对于分枝碳纳米管的生长具有较大的抑制作用。众所周知，煤的灰分主要成分是一些无机矿物质，按照是否有助于碳纳米管的形成可概括分为惰性和活性组分两类。前者以富含硅、铝等元素的黏土、石英为主，对碳纳米管的生长没有催化作用，不利于碳纳米管形成；后者以铁等金属元素的氧化物、硫化物为主，对碳纳米管的形成可能有一定的催化促进作用。在电弧放电等离子体的高温条件下，这些矿物质成分也随着有机固定碳的蒸发而一起被气化，此过程需要消耗一定的能量，这必然造成电弧等离子体反应体系温度场的波动，进而影响碳纳米管的有序生长[87]；另外这些成分中活性组分对线形碳纳米管生长的催化作用也从总体上间接降低了分枝碳纳米管在产物中的比例。

1.4.4 煤基双壁碳纳米管

碳纳米管以其奇异的物理化学性质、优异的电子和机械性能在世界范围掀起了广泛的研究热潮。其中结构介于单壁和多壁碳纳米管之间的双壁碳纳米管(Double-walled carbon nanotubes, DWNTs)更是以其独特的结构和性能为世人所瞩目，如应用于场发射领域时，双壁碳纳米管比单壁和多壁碳纳米管具有更低的饱和电压和更长的寿命[120]。当双壁碳纳米管外层管壁性质改变时其内层性质仍可以保持原来的状态，这使得在保持双壁碳纳米管部分性质不变的情况下对其进行化学修饰成为可能[121,122]。相比单壁碳纳米管(Single-walled carbon nanotubes, SWNTs)和多壁碳纳米管(Multi-walled carbon nanotubes, MWNTs)而言，由于双壁碳纳米管的生长条件更为苛刻，且难于控制，使得其制备相对困

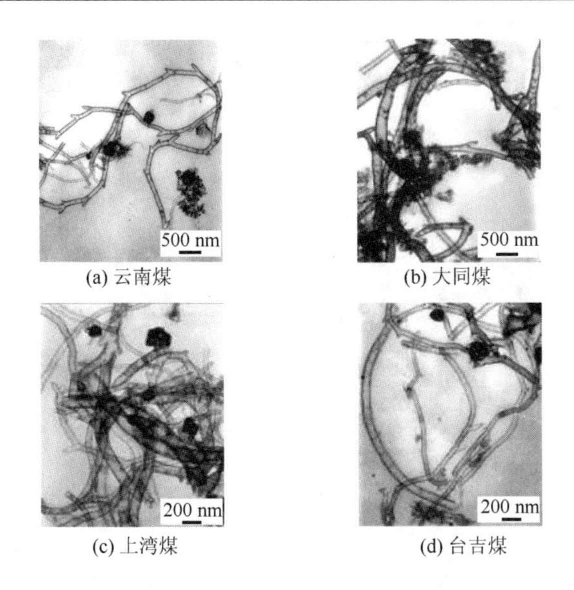

(a) 云南煤 (b) 大同煤

(c) 上湾煤 (d) 台吉煤

图 1.4.12 由不同煤种得到的分枝碳纳米管透射电子显微镜照片

Fig. 1.4.12 TEM images of BCNTs obtained from different types of coal

难得多。目前主要的双壁碳纳米管制备方法有高温处理 C_{60}@SWNTs[123]、电弧放电法[68,79,122,124,125]和化学气相沉积法(Chemical vapor deposition，CVD)[120,121,126,127]等。在这些技术方法中，电弧放电法以其操作简单可靠、生产周期短、所得碳纳米管石墨化程度高、结构缺陷少等优点，在国内外研究领域得到了广泛应用和发展。然而，目前电弧放电法主要以价格昂贵的高纯石墨作为碳源前驱体，这使得双壁碳纳米管的制备成本居高不下，从而大大限制了其实际应用，同时氢气的使用也使反应危险性大大增加。因此，探索低成本、安全高效的双壁碳纳米管电弧等离子体制

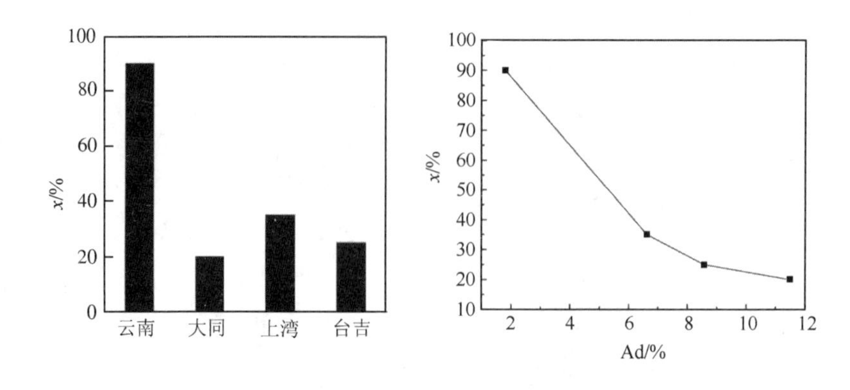

图 1.4.13 分枝碳纳米管纯度与煤种及煤中灰分的关系示意图

Fig. 1.4.13 Variation of the BCNT purity with coal type and ash content

备技术工艺已成为碳纳米管研究领域亟待解决的问题之一。

笔者所在团队以中国无烟煤为原料，对煤基双壁碳纳米管的合成制备工艺进行了系统研究，利用电弧放电法在惰性条件下实现了双壁碳纳米管的大量制备。一般而言，煤基双壁碳纳米管总是以黑色沉积物的形式大量沉积在电弧放电反应器内并聚集形成绳状宏观结构。由于其黏着性很强且质地很软，较难从反应器壁上完整剥落下来，因而使用特制的网状收集器对之进行收集以得到完整的绳状沉积物[128]，图 1.4.14 是绳状沉积物的典型光学照片，该绳状沉积物长度可达 20 cm 左右，从表观上可以初步判断其内部可能含有大量的碳纳米管管束。图 1.4.15 是绳状沉积物的扫描电子显微镜照片，由图可见其由大量碳纳米管管束在范德华力作用下沿轴向方向集结而成，构成碳纳米管绳的微观骨架结构。

图 1.4.16(a)是沉积物的低分辨率透射电子显微镜照片，可以

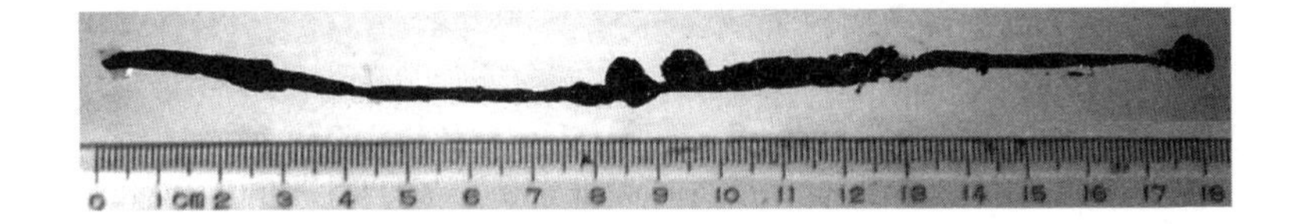

图 1.4.14 煤基双壁碳纳米管宏观绳状沉积物

Fig. 1.4.14 Photograph of DWNT-rope synthesized from coal

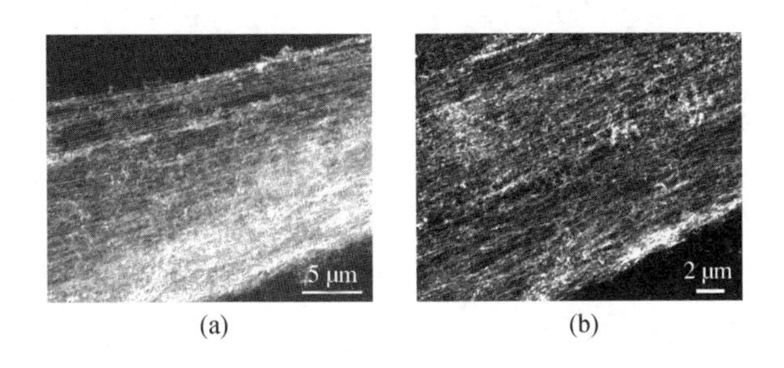

图 1.4.15 煤基双壁碳纳米管的低分辨率透射电子显微镜照片

Fig. 1.4.15 TEM images of DWNTs prepared from coal

发现其中含有大量直径很小的碳纳米管。与直接从电弧放电反应器器壁上收集沉积物的传统方法相比，笔者使用了收集器来对电弧放电产生的轻质膜状沉积物进行选择收集，这使得样品中碳包覆金属颗粒、无定形炭等杂质的含量大大减少，进一步提高了产物的纯度[128]。图 1.4.16(b)～(e)是沉积物的较高分辨率透射电子显微镜照片，可以发现这些碳纳米管大多以相互纠结的管束形式存在，其管壁很薄，直径分布在 1～5 nm，与常见的多壁碳纳米管在外观上有着明显的区别。高分辨透射电子显微镜研究(图 1.4.17)进一步表明这些碳纳米管的管壁由两层同心圆柱石墨层面组成，即双壁碳纳米管，其直径约 3～5 nm，两层管壁之间的距离约为 0.4 nm，大于多壁碳纳米管的管壁间距（0.34 nm），这可能是由于双壁碳纳米管管壁的弹性形变造成的[129,130]。

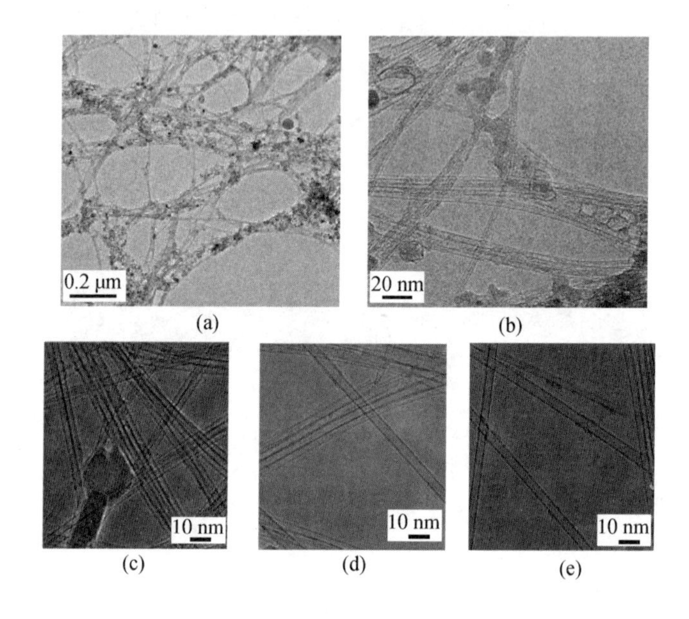

图 1.4.16　双壁碳纳米管绳状宏观结构的透射电子显微镜照片

Fig. 1.4.16　TEM images of DWNT ropes

图 1.4.18 是煤基双壁碳纳米管样品的拉曼光谱图，在 1590 cm^{-1}、1340 cm^{-1}附近及 100～250 cm^{-1}之间出现明显的拉曼吸收峰。理论计算表明，100～250 cm^{-1}之间的尖峰是源于双壁碳纳米管径向呼吸振动模式（Radial breathing mode, RBM）的特征峰[123]，其波数 ω_r 与双壁碳纳米管的管径 d（内径和外径）存在一种倒数关系，根据相关理论计算公式，即可由吸收峰的波数计算出相

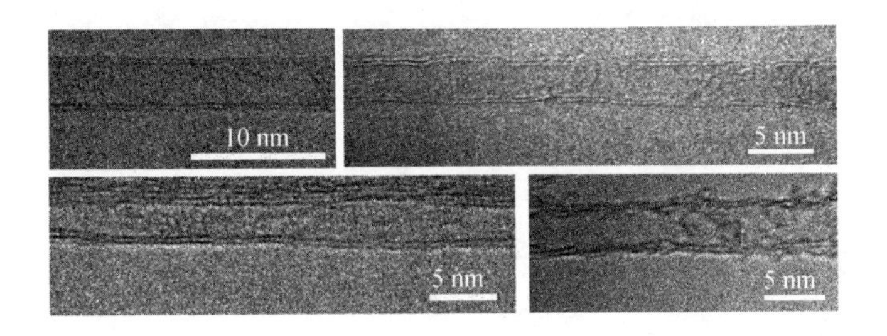

图 1.4.17 双壁碳纳米管的高分辨率透射电子显微镜照片

Fig. 1.4.17 HRTEM images of DWNTs with large diameter

应的管径。这里使用的计算公式为：

$$\omega_r = 6.5 + \frac{223.75}{d}$$ [120]

据此计算可知体现在此拉曼光谱图中的双壁碳纳米管内径和外径分布分别在 1.04～1.39 nm 和 1.56～1.28 nm，而当碳纳米管的直径大于 2～3 nm 时，由于碳纳米管电子密度太大从而产生重叠使得其呼吸振动峰不能为拉曼光谱所探知，故而显示在高分辨透射电子显微镜照片中的大直径双壁碳纳米管对应的吸收峰未能体现在拉曼光谱中[67,120,121]。尽管如此，根据拉曼光谱可以计算出这些较小直径（小于 2～3 nm）的双壁碳纳米管平均管壁层间距为 0.41 nm，这与高分辨透射电子显微镜下观察到的较大直径双壁碳纳米管的管壁层间距一致。这表明在本实验中具有不同直径分布的双壁碳纳米管其管壁层间距相对而言是保持不变的。在 Hutchison 等制备的双壁碳纳米管中，尽管其直径分布在 1～5 nm，但管壁间距始终保持在 39 nm 左右，与以上结果非常相似[67]。

1590 cm^{-1}和1340 cm^{-1}附近的吸收峰分别是由于石墨的芳香构型平面上碳键的振动(G模)和石墨的无序结构和缺陷引起的(D模)[131]。此拉曼光谱的G模非常尖锐而D模则相当弱,其强度比(I_G/I_D)约为16左右,说明样品石墨化程度很好,即产物中碳纳米管的含量很高。

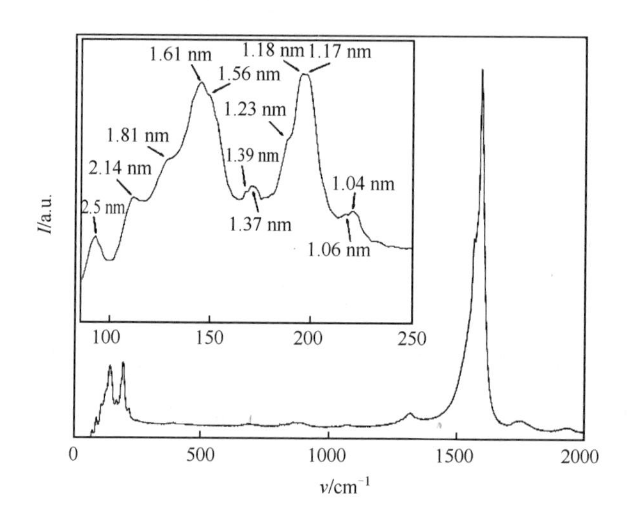

图 1.4.18 煤基双壁碳纳米管的拉曼光谱

Fig. 1.4.8 Raman spectra of DWNTs obtained from coal

目前,国内外文献普遍认为氢气的存在是电弧等离子体条件下双壁碳纳米管得以生长的关键条件,在惰性气氛中基本不能以石墨为碳源生长双壁碳纳米管[15,34]。但利用煤作为碳源前驱体却可以在惰性气氛条件下实现双壁碳纳米管的制备,这表明具有有机大分子结构的煤/煤基炭对于双壁碳纳米管的生长起到了关键作用。由煤的化学结构模型可知其是由大量不规则芳香结构单元在较弱的桥键(如醚键等)连接下构成的、具有聚合结构特征的有机大分子[88-93],其在化学组成上与石墨最显著的差异是分子中含有大量的氢成分,如图1.4.19所示。在炭化过程中,煤的结构单元部分缩聚成为较大的多环芳香结构,但其整体结构仍然保持与煤类似的聚合大分子特征[75-78]。当在电弧等离子体导致的高温下快速热解时,煤基炭芳香结构单元之间较弱的桥键可以优先离解从而使其大分子结构分解形成大量的聚合芳核碎片[89-94]。早期的研究已经证实这些芳核碎片可以不经过原子化阶段直接插入富勒烯结构[132],考虑到富勒烯的结构与碳纳米管具有很大的相似性,因此在合适的条件下这些芳核碎片非常可能在催化剂作用下直接构成碳纳米管结构[88,89,133,134]。由于煤基炭在电弧放电过程中所释放的芳核碎片主要是结构简单的碳氢化合物片段,因而在适宜的电弧等离子体区域可以形成类似氢电弧放电的气氛条件[67],从而使得双壁碳纳米管的生长在不加入氢气的情况下也可以进行。从这个角度而言可以认为煤/煤基炭的化学组成中含有的“固态氢”在双壁碳纳米管生长中起到了与石墨电弧放电过程中气态氢类似的作用,这也正是由纯碳成分的石墨在惰性气氛中放电不能得到双壁碳纳米管的主要原因。这充分表明煤/煤基炭在双壁碳纳米管形成过程中扮演了双重角色:它们不但作为双壁碳纳米管生长的碳源前驱体,更关键的是可以改变电弧放电机制,为双壁碳纳米管的生长创造适宜的气氛条件,这正是以煤/煤基炭作为碳源前驱体制备双壁碳纳米管的独特之处。

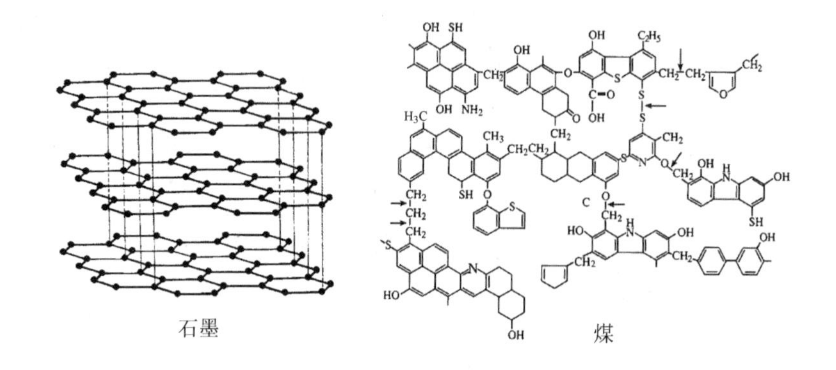

图 1.4.19　石墨和煤的结构示意图

Fig. 1.4.19　Structural model of graphite and coal

当以金属镍、铬作为催化剂时，只有极少量的双壁碳纳米管生成，这说明铁催化剂对于双壁碳纳米管的生长起到了极大的促进作用。此外，文献报道反应体系中硫的存在也可以促进双壁碳纳米管的生长[67,68,124,125]。煤炭中一般均含有较高含量的硫分（约1.6%），这些硫分在铁催化剂中几乎不溶解，因而在铁催化剂上吸附时，它们富集于其表面形成表面能较低的微区，从而使碳原子在这些微区上优先析出并形成碳纳米管生长的晶核[67,135,136]，当催化剂颗粒表面的富硫微区直径适宜时，双壁碳纳米管即得以生长（图 1.4.20）[137]。另一方面，硫分还可以通过稳定碳纳米管生长前端的方式对双壁碳纳米管的生长动力学产生影响[67,124,138]，其结果是使双壁碳纳米管的直径分布增大（1～6 nm）[67]，与透射电子显微镜分析结果非常吻合，表明硫分确实在煤基双壁碳纳米管的生长过程中起到了一定作用。

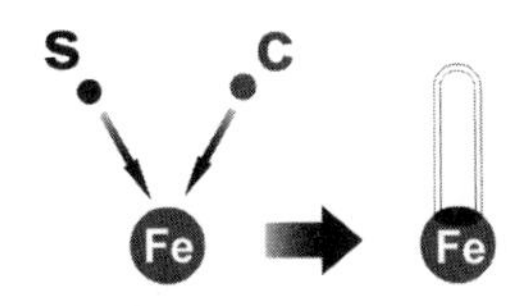

图 1.4.20 硫分对双壁碳纳米管在铁催化剂上的成核促进作用示意图

Fig. 1.4.20 Schematic illustration of initial formation of DWNTs on Fe catalyst in the presence of S

2　一维纳米电缆复合结构

2.1　碳纳米管的填充

简单而言，碳纳米管的结构特征有二：(1)具有纳米量级尺寸，典型直径在数纳米至数十纳米左右，长度可达数十微米以至厘米量级，长径比非常高，可视为准一维分子；(2)具有封闭结构的纯碳质材料，其管壁可以看作由单层或多层石墨烯片卷曲无缝结合而成，顶部由石墨烯半球封帽，内部则具有中空内腔结构。由于这些特性，碳纳米管可以和某些外来物质发生相互作用，在适宜的条件和环境下使这些物质进入其中空内腔形成新颖的纳米复合材料，即碳纳米管的填充(图 2.1.1)。自 1993 年首度报道[139]碳纳米管填充现象以来，大量的理论计算和实验研究表明：在碳纳米管的量子内腔中，不仅填充物质自身的形态结构和理化性质与其宏观状态相比发生了变化，而且在一定程度上也对碳纳米管的性质产生了影响。在纳米材料制备方面，外来物质填充进入碳纳米管后可望在其中空内腔诱导下以各向异性方式生长形成理想的一维晶体纳米线(Nanowire)或同轴纳米电缆(Nanocable)结构,对此过程的研究不仅有助于理解物质在碳纳米管内的反应及晶体生长过程,而且对一维纳米线/纳米电缆材料的新颖制备方法也是有益的探索。鉴于其在理论以及实际应用方面的重要意义,碳纳米管的填充引起了研究者的密切关注和浓厚兴趣,其研究也在世界范围内广泛开展起来。

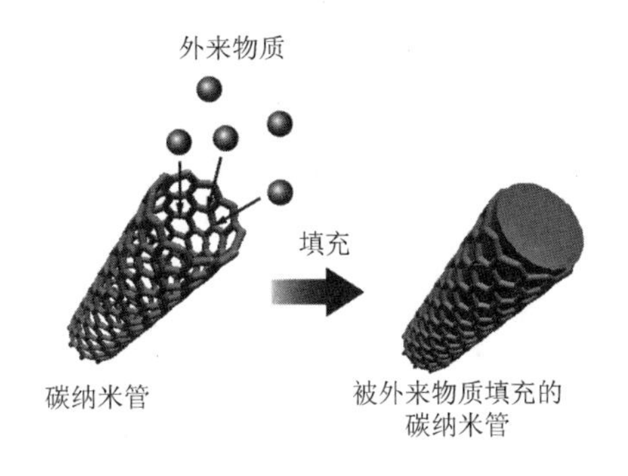

图 2.1.1 碳纳米管的填充过程示意图

Fig. 2.1.1 Schematic illustration of the filling of CNTs

早在富勒烯发现之前,Daedalus[140]就预测在某些具有中空结构的含碳分子内部可以填入外来物质。1992 年,Broughton[141]等利用计算机模拟进一步从理论上验证了将外来物质填入碳纳米管的可行性。1993 年 Ajayan 和 Iijima 率先得到了填充有 Pb 的多壁碳纳米管[139];随后,人们在对碳纳米管结构特征和填充机制不断深入研究的基础上,利用电弧放电法[142-150]、毛细作用法[139,151-157]、催化热解法[158-165]及其他不同方法，已将三十多种元素以单质或化合物形态（氧化物、碳化物、氯化物及部分硫化物、硝酸盐等其他盐类）相继填入多壁碳纳米管的空腔内部（图 2.1.2）。这些元素包括：主族金属元素 Sn[142,165]、Bi[151,166]、Cs[153]、Mg[153,164]和非金属元素 S[146,153]以及准金属元素 Se[146,153,166]、Ge[146,147,153]、Sb[146]；过渡金属元素 Pb[139]、Ni[142,156,163,167,168]、Co、Fe[142,156,168]、Cu[142,147,148,150,169]、Mo[142,147,166,168]、Rh、Y、Zr、Cd[168]、Pd[142,157,168]、Ag、Au[170]、V[154,166]、Zn、Ti、Cr、Ta、W[142]、Mn[166,171]；镧系元素 Sm、Eu、Pr、Nd[168]、Ce[153,168]、Gd[142,172]、Dy[142]、Yb[142,154]以及锕系元素 U[156]等。1998 年，Sloan 等又成功地在单壁碳纳米管内填充了 $RuCl_3$[173]，引起了人们对单壁碳纳米管填充研究的关注。这方面已有的研究大多集中于金属元素卤化物及氧化物的填充，主要的报道有：$(KCl)_x(UCl)_y$、$AgCl_xBr_y$[174]、KI[175-177]、$ZrCl_4$[178]、$LnCl_3$（镧系氯化物）[179]、CrO_x[180]、Sb_2O_3[181,182]等的填充。最近，Li[183]等及 Qiu[184]等还成功地实现了金属元素如 Cs、Fe 等在双壁碳纳米管内的填充。除此之外，人们还成功地将富勒烯或包覆有金属的富勒烯填充到单壁碳纳米管的管腔内，得到了诸如 C_{60}@SWNT[185-188]、[Gd@C_{82}]@SWNT[189,190]、[La_2@C_{80}]@SWNT[191]等的“豆荚型”复合物，在适宜的条件下，其填充率可达 100%[189]。

迄今为止，碳纳米管的填充方法主要有固相熔融法、液相湿化学法、电弧放电法、催化热解法等，这些方法是在碳纳米管的传统制备方法的基础上发展而来的。近年来，一些其他的新颖方法如

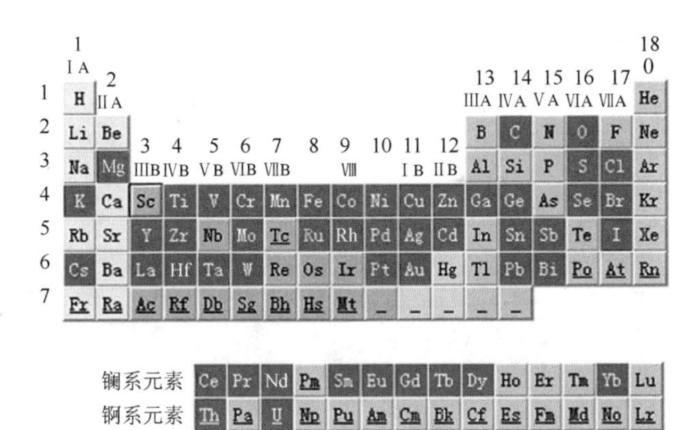

图 2.1.2　已填入碳纳米管内的元素在周期表中的分布(以深色区域标记)

Fig. 2.1.2　Filling elements that have been introduced in CNTs, which are marked by deep color area in the periodic table

模板法[192-196]、电解熔盐法[197-199]等也受到了较多关注。根据填充机制的不同,现有的填充方法可以分为毛细管作用填充法(Capillarity filling method)和原位填充法(In-situ filling method)两大类。毛细管作用填充法是利用碳纳米管中空内腔的毛细管作用使外来物质填充进入碳纳米管的方法;原位填充法则是指碳纳米管的填充过程和生长过程同步进行,即直接制备碳纳米管包覆外来物质的复合材料,因此不需要碳纳米管的开口阶段。

2.1.1　碳纳米管的毛细管作用填充

碳纳米管具有纳米尺度的中空内腔,亦称为最细的毛细管。在适当的条件下,某些外来物质可以在毛细管作用诱导下进入碳纳米管内腔,从而达到使碳纳米管填充的目的,这就是碳纳米管的毛细管作用填充法。由于常规合成方法制备的碳纳米管往往是端部封闭的，因而在进行填充之前需要先使碳纳米管开口，所以此类方法又可称为两步法(开口和填充)，图 2.1.3 是该过程简单示意图。

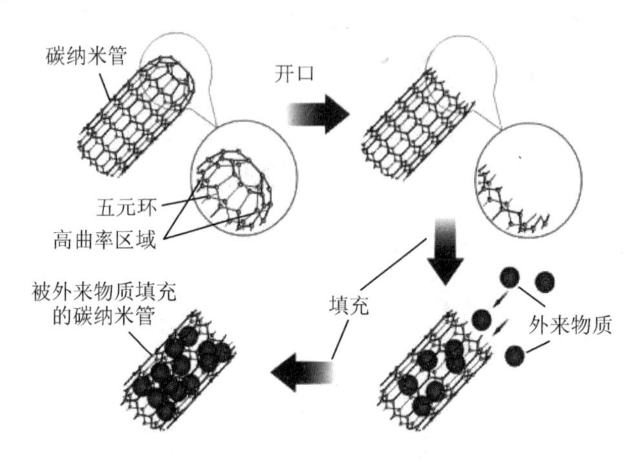

图 2.1.3　两步法填充碳纳米管模型图

Fig. 2.1.3　A model for filling of CNTs with two-step method

(1)碳纳米管的开口

常用的碳纳米管开口方法是使用气相氧化剂(如 CO_2、O_2)或液相氧化剂(如 HNO_3)氧化破坏碳纳米管端帽处的缺陷(通常认为由五元环和曲率变化产生的应力作用引起)，在尽可能不损伤管壁的前提下将碳纳米管的端部打开[139]。Ugarte 等将封闭的碳纳米管在空气或氧化性气氛中加热到 700 ℃使之开口，这是典型的气相氧化开口方法[200]。气相氧化开口方法操作简便易行，可以在任何能够达到热氧化温度的常规反应炉中进行，但此方法是针对整个碳纳米管管束的末端进行氧化，其氧化选择性受到碳纳米管管束分散程度的制约，开口效率较低[200]。除气相氧化方法之外，Tsang等使用液相氧化方法，在浓硝酸作用下也达到了使碳纳米管开口的目的[156]。相比气相氧化开口方法而言，液相氧化开口方法充分发挥了化学反应选择性高的优点，可以对碳纳米管端帽处存在缺陷的部分进行选择性氧化，这使得其开口选择性更好，开口效率更高。但此方法操作需要回流，而且在开口处总有无定形炭残渣存在[151]，以致影响下一步的填充过程。解决这一问题的办法是在真空中高温处理(2000～2100 ℃)开口后的碳纳米管，使无定形炭残渣石墨化并消除其开口处的悬键[154]。

上述这些开口方法既适用于多壁碳纳米管又适用于单壁碳纳米管，当应用于单壁碳纳米管时，开口条件要相对温和一些以避免损坏其管壁结构。此外，在某些相关研究中，人们将未开口的碳纳米管与具有氧化性的物质(如硝酸盐、某些氧化物等)共熔[200]或在溶液中与硝酸/硝酸盐混合回流[156]，直接得到了填充的碳纳米管。在这些过程中，尽管看似没有独立的开口步骤，但实质上也是一个开口—填充分步进行的过程。

(2)固相熔融法

固相熔融法是将碳纳米管在惰性、真空或氧化性环境中与填充物质共热形成熔融液相后，再利用毛细管作用进行填充的方法。1993年，Ajayan和Iijima将多壁碳纳米管与熔融态的Pb在400 ℃空气中退火，首次在碳纳米管内填充了Pb[139]。不久，利用类似的方法，他们又将 Pb_3O_4 和 Bi 填入多壁碳纳米管内[151]。他们的研究证明：氧化反应可以打开碳纳米管端部由五元环及曲率变化造成的缺陷，使其在管壁损坏不严重的情况下开口，从而使熔融金属或其化合物在毛细管诱导作用下进入碳纳米管管腔内部成为可能。

在此基础上，Dujardin 等[153]利用 Laplace 方程（式 2.1.1）从理论上探讨了液态金属进入碳纳米管内部空腔的条件，他们认为液态金属润湿碳纳米管内腔并发生毛细管作用是其进入碳纳米管内腔的前提条件。Laplace 方程中气液界面的压力差有如式 2.1.1 的关系，液固接触角与表面张力则有如式 2.1.2 的关系：

$$\Delta p = 2\gamma\cos\theta / r \qquad (2.1.1)$$

$$\cos\theta = (\gamma_{SV} - \gamma_{SL}) / \gamma \qquad (2.1.2)$$

式中 Δp——气液界面的压力差；

γ——液体表面张力；

θ——液固接触角；

γ_{SV}——固气表面张力；

γ_{SL}——固液界面张力；

r——毛细管的曲率半径。

从式 2.1.1 可知，要使润湿现象发生，液固接触角 θ 应小于 90°。而根据式 2.1.2，填充物质的固液界面张力 γ_{SL} 越小，接触角 θ 就越小，由式 2.1.1 可知越容易发生毛细管作用进而填充进入碳纳米管内腔。基于以上讨论，填充进入碳纳米管的物质应该是表面张力低于 $200\times10^{-3}\ N\cdot m^{-1}$ 的物质，如水、乙醇、酸、低表面张力的氧化物（PbO、V_2O_5等）及一部分低熔点物质（如 S、Cs、Rb、Se 等），且填充物质表面张力越小，就越容易填充进入碳纳米管的空腔内部。在随后的研究中，Ugarte 等[200]使用固相熔融法将 $AgNO_3$填入碳纳米管中后退火使之热分解，得到了银填充的碳纳米管，在对 PbO_2进行类似处理时（无须退火），也在碳纳米管内得到了较长的铅化合物纤维。他们发现仅仅只有内径大于 4 nm 的碳纳米管可以被 $AgNO_3$填充，而在宏观世界里，往往是越细的管具有越强的毛细管作用。他们认为这是碳纳米管曲率半径和界面能综合作用的结果。其他研究也说明毛细管作用与碳纳米管的内径存在着一定的关系：如表面张力小的钒盐、钴盐和铅盐甚至可以在内径 1～2 nm 的中空管内发生毛细管作用，而表面张力稍大的 $AgNO_3$却只有在内径大于 4 nm 的碳纳米管中才能发生毛细管作用。

利用固相熔融法也可以有效地填充单壁碳纳米管[174-176,179,181,182]。由于单壁碳纳米管的内径比多壁碳纳米管小得多，所以需要用表面张力更低的熔融填充物如熔盐（氯化物等）对其进行填充，将获得的产物在还原性气氛下退火后即可获得填充有金属的单壁碳纳米管[175,176,179]。另外，为了避免某些影响填充的因素（如过高的熔融温度引起碳纳米管过早封闭），还可以使用多组分共熔物系（如 KCl-UCl_4、AgCl-AgBr 物系[174]）进行填充以求降低填充物质的熔融温度，达到填充的目的，如图 2.1.4 所示。

固相熔融法是最早用于填充碳纳米管的方法，由于低表面张力的物质大多可以在毛细管作用诱导下直接在碳纳米管内形成连

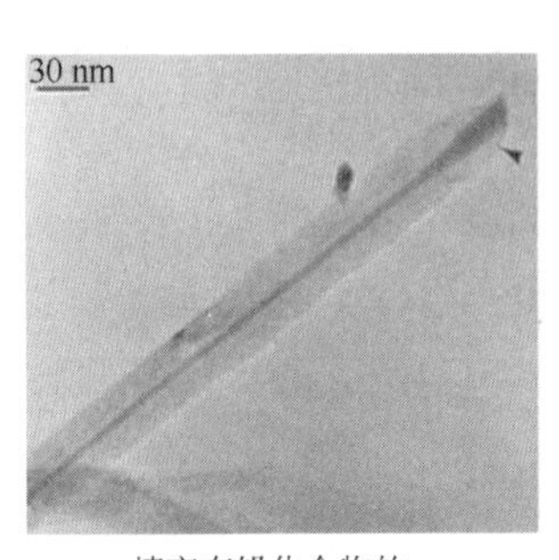

填充有铅化合物的多壁碳纳米管[200]

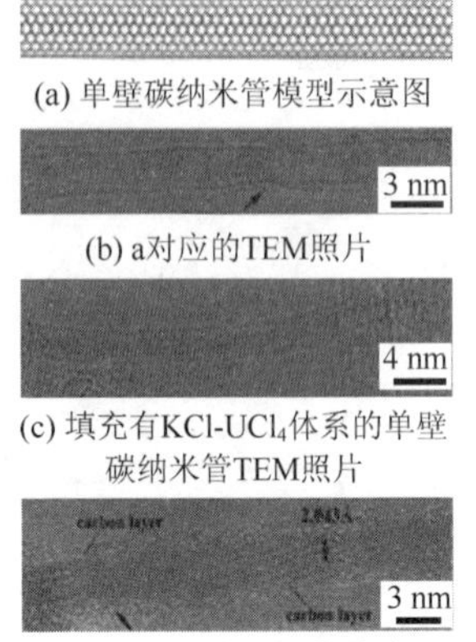

(a) 单壁碳纳米管模型示意图

(b) a对应的TEM照片

(c) 填充有KCl-UCl$_4$体系的单壁碳纳米管TEM照片

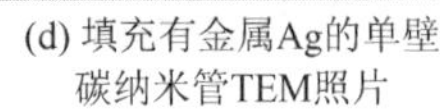

(d) 填充有金属Ag的单壁碳纳米管TEM照片

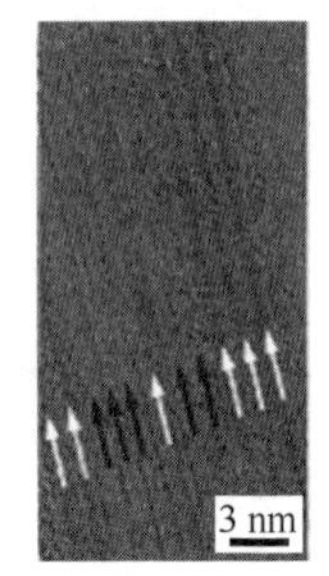

(e)填充有AgBr的单壁碳纳米管TEM照片

图 2.1.4　用固相熔融法制备的填充碳纳米管透射电子显微镜照片

Fig. 2.1.4　TEM images of filled CNTs prepared by molten media method

续的填充物，这使得熔融法成为填充碳纳米管最简单易行的方法，然而对于物质表面张力的要求使得熔融填充方法的应用受到了很大的限制。对于很难在毛细管作用下直接进入碳纳米管内部的高表面张力物质，将其转变为低表面张力的氧化物或碳化物，然后再进行填充不失为一种行之有效的方式。

另一种方式则是在溶液相中使高表面张力物质，在毛细管作用下以盐的形式进入碳纳米管内部，即如下介绍的液相湿化学法。

(3)液相湿化学法

液相湿化学法是由 Tsang 等[156]率先提出的，他们在较低的温度下(140 ℃)，将碳纳米管在硝酸/硝酸镍溶液中混合回流后发现碳纳米管的开口率可达 80%，且有 60%～70%的管内填充有镍化合物，同时他们还用此方法在碳纳米管内填充了 Fe、Co、U 等的化合物。与固相熔融法相比，液相湿化学法对填充物质的适应性更广，利用液相湿化学法，人们已得到填充有 Fe、Co、Ni[156,168]、U[156]、Mo[168]、Sn[201,202]、Nb、Sm、Eu、La、Ce、Pr、Y、Zr、Cd[168]等的氧化物及纯金属 Pd[157]、Ag、Au[170]的多壁碳纳米管。另外，还可以使用含有不同金属离子的溶液向碳纳米管内填充复合金属氧化物，如使用 $Fe(NO_3)_3$ 和 $Bi(NO_3)_3$ 来得到填充 $FeBiO_3$ 的碳纳米管，使用类似方法还可以得到填充有 $NiCo_2O_4$、$LaCrO_3$、$LaFeO_3$、$MgCeO_3$、$Nd_{1.85}Ce_{0.15}CuO_4$ 等的碳纳米管[168]。

对于既不可溶，又不能在硝酸回流中稳定存在或对氧化敏感的物质（如 UCl_4），可以先将碳纳米管在硝酸中浸泡一段时间使之氧化开口，然后除去氧化时附着在碳纳米管表面的酸性官能团（如—COOH、—OH 等[157]）后浸入相关的金属络合物溶液，就可以得到填充 $H_4SiW_{12}O_{40}$、$RhCl_3$、$RuCl_3$、$PdCl_2$、$[NH_4]IrCl_6$、$[Ni(\eta\text{-}C_5H_5)_2]$、$Co_2(CO)_8$ 等的碳纳米管，与没有预开口过程时相比，此过程填充率相对要低一些（20％～30％），但对于 $AuCl_3$ 和 $AgNO_3$，此方法通常可以达到 70％的填充率[170]。

液相湿化学法同样可以用来填充单壁碳纳米管[173,180,203,204]，但要用更温和的方法使单壁碳纳米管开口。若使用在硝酸中回流之类的强氧化方法会损坏单壁碳纳米管的结构。Sloan 等[173]使单壁碳纳米管在浓盐酸中开口，率先在单壁碳纳米管中得到了金属 Ru 的单晶。Monthioux 等[180,203]发展了两种较为新颖的液相湿化学填充法，一种是将电弧法制备的单壁碳纳米管浸入 HCl 和 CrO_3 的混合糊状物中，于室温下放置 3 h 后就可以在单壁碳纳米管内发现有 Cr 的氧化物存在。此过程的可能机理如式2.1.3及式2.1.4 所示：

$$CrO_3 + 2HCl = CrO_2Cl_2 + H_2O \quad (2.1.3)$$

$$2CrO_2Cl_2 + Cl_2 + 2C = 2CrCl_3 + 2CO_2 \quad (2.1.4)$$

在 CrO_3 和 HCl 作用生成的 CrO_2Cl_2 与光分解生成的 Cl_2 共同作用下单壁碳纳米管氧化开口，从而使 Cr 的氧化物得以进入碳纳米管的空腔中；另一种方法是将单壁碳纳米管浸入 $FeCl_3$ 或 $MoCl_5$ 的 $CHCl_3$ 溶液中，在波长约 252.16 nm 的紫外光下照射 8 h 后，即可观察到填充现象。此过程可能的机理如式 2.1.5 所示：

$$CHCl_3 + h_r = CCl_2 + HCl \quad (2.1.5)$$

$CHCl_3$ 受紫外光照射分解成二氯卡宾和 HCl，二氯卡宾加成到碳纳米管端部缺陷处的 C ═C 键上，在紫外光下照射一段时间后与碳纳米管端部的碳原子一起脱除，从而使单壁碳纳米管的端口打开并发生填充。这是一个在弱酸性环境下使单壁碳纳米管开口并填充的过程，而且可以通过控制紫外光的照射来简单实现对开口步骤和填充步骤的分离和控制。

由于液相湿化学法填充可以在温和条件下进行，这对于生物分子的填充具有尤其重要的意义。Tsang 和 Green 等将开口的碳纳米管在蛋白酶分子水溶液中浸泡 24 h 后减压蒸发，将 Zn-Cd 金属硫蛋白、细胞色素以及 β-内酰胺酶 I 大量填入碳纳米管内。他们发现：在碳纳米管保护下，这些生物分子不会受到电子束照射导致的伤害，可以保持相当高的生物活性[206,207]。这对于生物传感器、生物微电极的制造具有重要的意义。

液相湿化学法的优点是实验控制水平较高，热处理温度接近室温，对填充物质的适应性好且填充率较熔融法要高很多。但由于液相湿化学法填充过程中溶剂效应的影响，在碳纳米管内得到的多为填充物的离散颗粒，相对熔融法而言很难得到较长的连续填充物，因此，应用液相湿化学方法进行填充时，根据不同的填充物质选择合适的溶剂是其中的一个关键（图 2.1.5）。

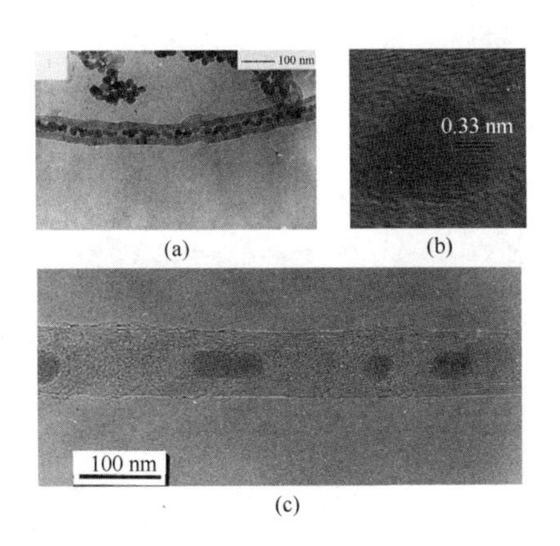

图 2.1.5 液相湿化学法制备的氧化锡[202]（上图）及银[170]（下图）填充多壁碳纳米管透射电子显微镜照片

Fig. 2.1.5 TEM images of SnO_2[202] (top image) and Ag[170] (bottom image)-filled MWNTS obtained by wetting chemical method

2.1.2 碳纳米管的原位填充

实际制备的碳纳米管往往具有一定的直径分布，由于毛细管作用的选择性(即特定的物质只能选择性地进入特定尺寸的毛细管中),某种特定的填充物质只能选择进入特定直径分布范围内的碳纳米管中,加之氧化开口过程会对碳纳米管的结构造成不可逆的损害,从而使得用两步法填充的碳纳米管难以得到满意的填充效果。此外,由于两步法填充使用的碳纳米管都是开口的,因此填充在碳纳米管内的物质很难得到碳纳米管封闭结构的保护,这在某种程度上失去了将其填入碳纳米管的意义。有鉴于此,人们又探索了在碳纳米管生长的同时,使外来物质填充到碳纳米管内部的方法,即碳纳米管的原位填充法。在此情况下填充碳纳米管的生长由金属催化剂驱动,在生长过程中大量的金属原子团簇与碳微簇以液相或气相形式不断堆加到生长中的碳纳米管上使其生长不断延续并最终形成填充有金属的碳纳米管[142,146,208,209]。到目前为止,人们对碳纳米管的原位填充机理尚不明了,但原位填充法已经成为大量、高效制备填充碳纳米管最有效的途径之一。

(1)电弧放电法

1993 年,Ruoff 与 Saito 等[143]在使用电弧放电法时,将石墨阳极钻孔填入金属和石墨的混合粉末进行放电,在阴极上得到了包覆有金属的碳纳米颗粒和碳纳米管。此后,人们对电弧放电法制备碳包覆纳米材料的技术进行了广泛的研究[144,171,172,210-213],发现在适当的条件下得到的碳纳米颗粒的比例远高于碳纳米管。Guerret-Plecourt 等[142]采用电弧放电法详细研究了 15 种金属及其化合物(Ti、Cr、Fe、Co、Ni、Cu、Zn、Mo、Pd、Sn、Ta、W、Gd、Dy 和

Yb)在碳纳米管内的填充，并观察到了两类不同的填充结果：一类是 Cr、Ni、Dy、Yb 和 Gd 对碳纳米管的完全均匀填充；另一类是 Pd、Fe、Co、Ni 的不连续填充，它们以离散粒子的形态存在于碳纳米管内。他们发现填充物质在碳纳米管内的生长与金属和碳纳米管之间的化学作用密切相关，并认为在稳定金属离子态下，具有不完全电子层结构的元素更容易填充进入碳纳米管。Cr 和 Gd 具有最多的电子空穴数目，是两种最佳的填充物质。Loiseau 和 Pascard[146]用 Zn、Cd、B、Al、Si、Ge、Sn、Pb、Sb、Bi、S、Se、Te 等元素在与 Guerret-Plecourt 报道同样的条件下继续进行研究，得到了填充有 S、Se、Ge 的碳纳米管，他们认为电弧反应器内的热状态、温度区域和温度梯度对填充热力学和动力学过程起着至关重要的作用。此后 Demoncy 等[208,209]对 Guerret-Plecourt、Loiseau 和 Pascard 的实验报道中 S 对填充过程的影响做了系统的研究，发现少量的 S(S/C 原子比为0.04%)可以极大地促进填充，且在 S 存在的情况下，填充过程是按照催化机制进行的。此外，Dai 等[147,148]使用稠环芳烃作为前驱体，在氢电弧作用下向碳纳米管内填充了金属 Cu 和 Ge。Hsin 等用 $CoSO_4$ 溶液代替惰性气体作为放电介质，得到了填充有 Co 的碳纳米管[214]。

同样采用电弧放电法，Kiang 等[203]使用掺杂有 Bi/Co 的石墨阳极进行放电，得到了填充 Bi 的单壁碳纳米管。在电弧放电时，电弧产生和消失的区域在电极表面上是动态的，这使得电极表面温度分布范围很宽，因此得到的碳纳米管直径分布较大，产物种类分布也较广，往往伴生大量的无定形炭、碳包覆颗粒等，受此所限，使用电弧放电法较难获得满意的填充效果和产量。但电弧放电法简单易行，技术发展相对成熟，能容易地产生其他技术难以企及的高温，制备出的填充碳纳米管结构完善，管壁石墨化程度高，管内填充物晶体结构生长较好，因而目前仍然是应用最为广泛的重要方法之一。

以往电弧放电法制备填充碳纳米管均采用高纯石墨电极作为碳源前驱体，为了进一步拓展填充碳纳米管的原位制备技术工艺、探索电弧放电条件下填充碳纳米管的生长机制，大连理工大学 Qiu 等开展了以煤作为碳源制备填充碳纳米管的研究并发现在适当条件下，使用无烟煤作为碳源可以成功地制备填充有 Fe、Cr、Ni 等铁磁性金属的碳纳米管，其形态、内部填充物结构等均与以石墨作为碳源时得到的产物相似[215]。此外，Qiu 等还在惰性气氛中使用无烟煤作为碳源制备了单晶 Cu 纳米线填充的碳纳米管，其填充长度可达十余微米至二十微米[150]，填充率约 40%，这是在相同条件下使用石墨作为碳源所不能制备的(图 2.1.6)。这些结果表明：在适当的条件下，使用无烟煤代替高纯石墨作为碳源制备填充碳纳米管不仅具有价格优势，而且还具有一定的过程优势，可望用以高效、廉价地制备填充碳纳米管及其他碳纳米材料。

(2)催化热解法

在使用催化热解法大量制备碳纳米管的过程中，人们发现当金属催化剂含量较高时，催化剂就可以填充进入碳纳米管内部。Grobert 等[160]先在硅基片上沉积 C_{60} 和 Ni 薄层，然后在 950 ℃下

(a) (b)

图 2.1.6 以煤为碳源制备的 Cu 纳米线填充碳纳米管透射电子显微镜照片[150]

Fig. 2.1.6 TEM images of CNTs filled with Cu nanowires, which was fabricated from coal

进行热解,得到了填充有 Ni、石墨化程度很高的针状碳纳米管,并提出了可能的填充机制:在反应初始阶段,Ni 和 C 在熔融金属 Ni 表面形成 Ni_3C 层,随着环境和物系温度的进一步升高(400 ℃以上),Ni_3C 中的碳逐渐析出形成包覆有金属 Ni 的碳纳米管,随着过程的持续,更多的 Ni_3C/Ni 被吸入开口的管中与已形成的管结构不断融合,使得管壁不断生长,从而形成填充金属 Ni 的碳纳米管。在此基础上,他们还用 Co[161] 和 Fe[216] 作为催化剂,分别得到了填充相应金属及其合金的碳纳米管。另外,Leonhardt 等[217] 通过分别热解二茂铁和二茂钴也得到了填充 Fe 和 Co 的碳纳米管,在这种方法中,金属茂合物同时提供了碳源和金属催化剂。Hwang 等[218] 将 Co 催化剂分散在铝硅酸盐分子筛的微孔内,然后以其为基体热解乙炔,同样得到了填充金属 Co 的碳纳米管。他们指出:

催化剂和基体之间的相互作用对填充有着至关重要的影响，只有当催化剂金属和基体之间的相互作用较弱的时候，金属催化剂颗粒才能够离开基体参与填充的形成。

早期的催化热解法是用载气（氩气、氩/氢混合气）或注射泵等将气/液相碳源直接注入反应器，然后在分散有催化剂的基片表面上生长填充碳纳米管。Mayne 等[159]对此方法进行了改进，采用将二茂铁和苯的混合溶液均匀雾化成气溶胶后，在一定温度下喷入反应器内热解的方法制备了填充有催化剂金属/金属碳化物的多壁碳纳米管阵列。他们和其他研究者的研究均表明：碳纳米管的填充率和催化剂的浓度密切相关，同时，载气的流速也对碳纳米管直径的分布、结晶程度以及产量有着一定的影响[219]。利用此方法，他们还以二茂镍/二茂铁/苯为前驱体，首次制备了填充有金属合金纳米线（$Fe_{65}Ni_{35}$）的碳纳米管[220]，Elias 等也利用类似的方法制备了填充有 FeCo 合金的碳纳米管[221]。除此之外，Chan 等[222]还利用微波等离子体对传统的热解方法进行增强，得到了填充 Pd 的碳纳米管。他们先在钨箔上镀上一层 Pd 膜，用氢等离子体对 Pd 膜进行活化后，向反应器内通入甲烷/氢气混合气并热解即获得填充的碳纳米管。

以往的研究中填充物既被填入碳纳米管，又作为碳纳米管生长的催化剂，这使得化学气相沉积填充碳纳米管技术只能应用于一些对碳纳米管生长有催化性的物质。最近，Hu 等利用Ga_2O_3作为引发碳纳米管生长的种子，以 MgB_2 为填充物前驱体大量制备了填充有 Mg_3N_2 的碳纳米管[164]，在此过程中碳纳米管的催化生长与

Mg_3N_2在其内部的填充既分立进行又同步发生，这为化学气相沉积法制备填充碳纳米管提供了新的思路(图 2.1.7)。

与电弧放电方法相比，催化热解方法的突出优点是前驱体来源广泛(如烃类、含碳金属有机物等)，产品的纯度和收率较高，操作简便易行，可望用于填充碳纳米管的规模化和阵列化制备。但这种方法得到的填充碳纳米管形态和石墨化程度较差，表面存在较多的缺陷，这会对填充碳纳米管的性能造成一定的影响，从而影响到其应用研究。

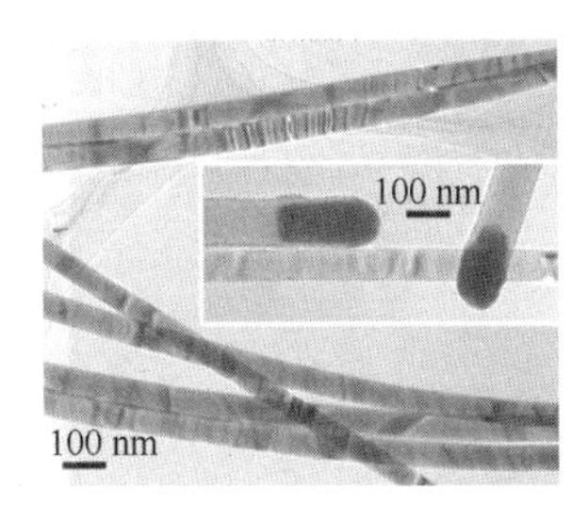

图 2.1.7 用气相沉积方法制备的 Mg_3N_2 填充碳纳米管透射电子显微镜照片[164]

Fig. 2.1.7 TEM image of Mg_3N_2-filled MWNT produced by chemical vapor deposition[164]

2.1.3 其他填充方法

(1)模板填充方法

上述各种方法得到的填充碳纳米管取向杂乱，形态各异，相互聚集缠绕，并不可避免地伴生有非晶碳或催化剂颗粒等难以提纯的杂质，这大大影响了其进一步的应用研究。为了制备高定向性、高填充率、尺度均一的填充碳纳米管阵列结构，人们开始尝试利用具有纳米孔道结构的材料作为模板来引导和约束碳纳米管的生长和填充过程，这类方法统称为模板法。

在目前的文献报道中，常用的模板有阳极氧化铝膜[192-194,196]、多孔氧化硅膜[223]、聚碳酸酯蚀刻膜[160,195]等，其中阳极氧化铝膜是最常用的模板材料，通过对其电化学制备条件的控制，可以得到孔道直径为 10～400 nm，孔深几十纳米到几百微米，孔道垂直于膜面，具有良好物理稳定性和化学惰性的均匀有序阳极氧化铝模板。利用此模板，Martin 等[227]制备了填充有 Pt、Ru、Pt/Ru 纳米颗粒的定向碳纳米管膜，并将其应用于燃料电池及锂离子电池反应的研究。Kyotani 等也利用阳极氧化铝模板制备了填充有 NiO[193]、Pt[224]、Fe_3O_4[225]等的碳纳米管。Matui 等[194]还进一步将模板法与水热法相结合，获得了填充 $Ni(OH)_2$的碳纳米管。他们的做法是：先后在阳极氧化铝膜上沉积一层碳膜和 $Ni(NO_3)_2$，然后在 150 ℃ NaOH 溶液中加热 24 h，即可得到填充有 $Ni(OH)_2$的碳纳米管，该方法获得的碳纳米管相互平行，垂直模板平面生长，具有较窄的直径和长度分布，在氧气/氦气中加热除去碳壳后即可获得单晶的 NiO 纳米棒。此外，Bao 等还利用生长有碳纳米管阵列的氧化铝膜作为二次模板制备了填充有 Co 的碳纳米管阵列[226]，见图 2.1.8。

在模板法中，由于模板孔道对碳纳米管生长的约束作用，使得碳纳米管无论在尺寸上还是在取向上都保持与模板孔道结构的一致性。通过对模板孔道结构的控制，可以实现具有均一直径及长

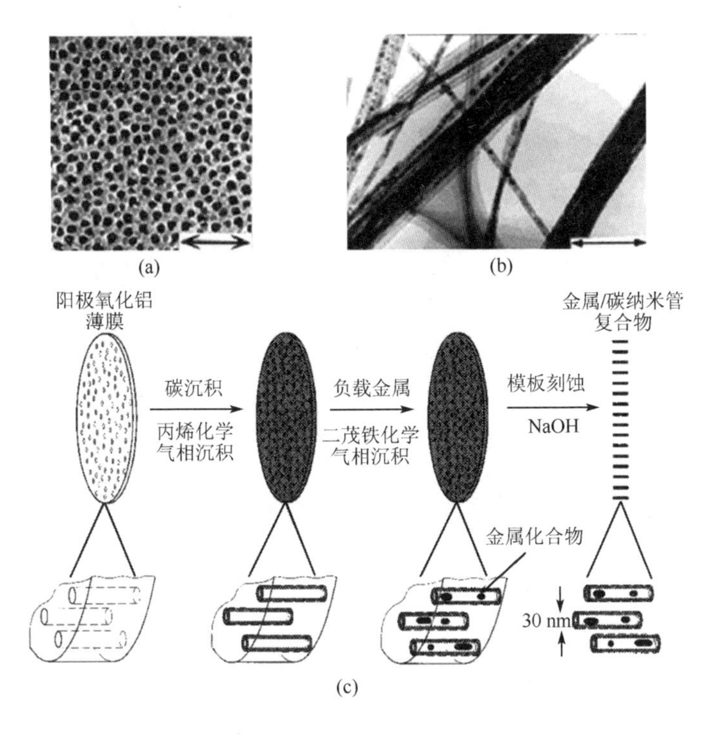

图 2.1.8　(a)多孔阳极氧化铝模板的扫描电子显微镜照片[196]；
(b)以多孔阳极氧化铝为模板制备的填充碳纳米管透射电子显微镜照片[225]；
(c)氧化铝模板制备填充碳纳米管机理示意图[225]

Fig. 2.1.8　(a) SEM image of aluminum anodic oxide film with 230 nm channels[196]; (b) TEM image of the composite prepared by a template carbonization method[225]; (c) Schematic illustration of the formation mechanism of filled CNTs by template method[225]

度分布、高取向性、离散分布的填充碳纳米管的可控制备。另外，由于碳纳米管直接在模板孔道内生长，其直径一般与模板孔道相仿，以致最终得到的碳纳米管外壁上没有杂质黏附，无须进一步纯化，这对于填充碳纳米管的应用具有重要的意义。但到目前为止，就用模板法制备填充碳纳米管的技术而言，还存在许多有待解决的问题，如控制模板的孔道结构均一性、选择最为适宜的催化剂负载方法、理解气相沉积或水热过程对碳纳米管及其填充物生长特性的影响及模板载体自身对碳纳米管生长的作用机理、降低模板制备和去除的成本等，这些问题的解决依赖于未来更多细致深入的研究工作。此外，由于模板法生长填充碳纳米管的温度较低且不是自发生长过程，这导致生长出的填充碳纳米管管壁结构较差，内部填充物大多为均一程度较差的多晶纳米线，这对于模板法制备填充碳纳米管而言也是亟待改善的问题。

(2)电解熔盐方法

Hsu 等[197-199]使用石墨电极，在氩气中电解熔融金属盐（$KCl/LiCl$、$CaCl_2/LiCl$、$CuCl_2/LiCl$、$ZnCl_2/LiCl$ 等），系统研究了电解液（熔融 $LiCl$）中金属盐（$SnCl_2$）及金属粉末（Sn、Pb、Bi）比例对产物的影响，发现当金属盐或金属粉末的比例小于1%时，可以得到填充有低熔点金属相 Sn、Pb、Bi 的碳纳米管。尽管制备的金属纳米线外表石墨层石墨化程度较低，此方法仍不失为制备低熔点金属纳米线的一种新颖方法（图 2.1.9）。

2.1.4 碳纳米管填充技术应用

碳纳米管内腔是具有纳米尺度的中空一维空间，在这样的狭小空间内，客体分子或原子（如金属原子、金属化合物分子甚至生

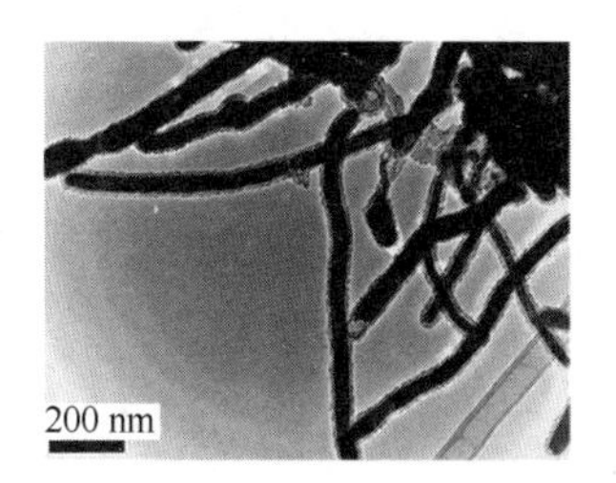

图 2.1.9　用电解熔盐方法制备的 Sn 填充碳纳米管透射电子显微镜照片[199]

Fig. 2.1.9　TEM image of Sn-filled CNTs prepared by electrochemical method[199]

物分子)的排列方式、电子状态分布与宏观空间内的差异以及填充过程中发生的极限物理化学过程,都使得物质填充进入碳纳米管内后,许多物理性质和化学性质(传导性能、电子传输行为、力学行为等)与宏观状态下迥然不同;另外,由于填充物质和碳纳米管之间种种至今还不甚明了的相互作用,也在一定程度上改变甚至赋予了碳纳米管某些性质,这些都使得碳纳米管填充成为利用碳纳米管中空管腔形成具有特殊性能的纳米级复合物、构筑纳米元件、制备一维纳米线等的有效手段。

在填充碳纳米管应用研究领域,目前最为引人注目的是填充有铁磁性金属 Fe、Co、Ni 及其合金的碳纳米管,文献报道其磁矫顽力可达 250～1000 Oe,远高于宏观状态金属的几十倍甚至一百倍以上;另外,这些铁磁性金属或合金填充碳纳米管在沿填充方向上还具有良好的单轴磁畴各向异性,是目前超高密度磁性存储器(>65 $Gb/inch^2$)制造业的关注焦点之一[221,226]。

碳纳米管填充技术另一个基本的潜在应用方向是利用碳纳米

管的纳米级空腔作为模板，制备一维形态的金属纳米线，以应用于纳米电路和纳米电子元器件的构筑。在碳纳米管的一维限域空腔内，填充物原子在碳纳米管内部的排列方式与宏观空间可能会有轻微的不同，这将使得制备出的金属纳米导线具有奇异的电性质，从而可以应用于未来的电子工业，如计算机芯片等。

对于填充了金属纳米颗粒的碳纳米管，也可能将其作为特殊的催化剂应用于多种催化体系。在这种情况下，碳纳米管的内腔可以看作是特殊的纳米反应器，在此环境下，催化反应将可能朝着高选择性、高转化率的方向进行。Che 等成功地将 Fe、Pt、Pt-Ru 纳米颗粒填充的碳纳米管薄膜作为催化剂应用于燃料电池反应和烃类热解反应并取得了良好效果[227]。此外，将催化剂填充在碳纳米管内后，由于碳纳米管碳壳的化学惰性和热稳定性可以保护催化剂不与周围的媒介物发生反应，从而限制催化剂的催化活性不能得以发挥，采用向混合物中加入氧化剂，或在含氧气氛中升高环境温度到燃烧极限以上等方法，就可以在氧化性反应环境中除去碳纳米管管壳，使催化剂发挥催化活性，这可能使催化过程变得更为可控。

在其他方面，Kumar 等将 Sn 填充的碳纳米管应用于锂离子电池制造研究，他们发现：Sn 填充碳纳米管具有相当高的可逆电容量(720～800 mAh/g)，可以作为锂离子电极的阳极材料使用[228]。Garcia-Vidal 等发现 Ag 填充的碳纳米管具有非常好的线性光学响应性，可以用作分光镜增强器[229]。此外，金属填充碳纳米管在化学传感器、微电极制造等其他方面也大有用武之地。

2.2 基于碳纳米管的一维纳米电缆复合结构

自其诞生之日起,碳纳米管极大的长径比及其接近理想的一维纳米中空管腔结构,就引起了全世界研究者的浓厚兴趣。人们预测在这一局域空间中可以发生很多极限条件下的物理化学过程,从而引发新兴的研究领域,即"碳纳米管化学"(Chemistry of carbon nanotubes)。对于碳纳米管的化学研究大致可以分为两个互有交叉的方向,即"管中化学"与"管外化学"。前者主要包括外来物质在碳纳米管内的吸附、填充等化学过程,后者则主要涉及对碳纳米管管壁或端口的化学修饰等[230]。本研究主要着眼于外来物质在碳纳米管内的一维填充,即利用碳纳米管的中空内腔作为限域反应器或纳米模板来实现纳米尺度下的一维晶体生长,从而制备出外壳为碳纳米管结构、内芯为金属或其化合物晶体纳米线的"电缆"状新颖复合纳米材料,这一过程的特点在于:

(1)碳纳米管的管壁可以限制填入其内部外来物质的外延生长,诱导晶体生长严格按照各向异性方式进行,并最终在其管腔内得到理想形态的一维晶体纳米线结构[231]。

(2)众所周知,碳纳米管具有优异的机械强度,其在金属纳米导线外部的包覆可以对金属纳米线的结构起到机械增强作用;以铜为例,当其晶体尺寸达到纳米量级后熔点会由1083 ℃下降到800 ℃左右,如果将之包覆于碳纳米管之中则可以在环境温度超过其熔点的情况下仍然维持良好的一维形态，这对于其在高温条件下的应用意义重大[233]。

(3)当金属晶体达到纳米尺度后，位于表面的原子占较大的体积百分数，这使得其表面能大大增加，对环境条件十分敏感；将之包覆在碳纳米管内后，碳纳米管的惰性封闭管壁结构可以保护其免受恶劣环境条件如酸碱侵蚀、空气氧化的危害，这更有利于金属纳米导线的实际应用[234]。

(4)尽管碳纳米管管壁在常温下非常稳定，但通过高温氧化(500～800 ℃)的方法可以很方便地将包覆在金属晶体外部的碳层除去以得到一维金属化合物晶体纳米线，在此过程中碳纳米管充当了纳米线生长的形态模板，对此进行研究可能为金属及其化合物纳米线的制备提供新的思路。

煤作为碳源前驱体不但可以在独特机制指引下制备碳纳米管，而且还可在碳纳米管生长过程中将金属物质引入碳纳米管内部使之原位生长形成一维晶体纳米线结构并最终得到基于碳纳米管的纳米电缆复合结构。在实践中，可以使用煤或与煤具有相似结构特征和化学组成的高分子聚合物作为碳源，多种性质不同的金属或其化合物作为填充客体及催化剂，得到诸如铜@碳纳米管(标记为 Cu@CNT)及稀土氟化物@碳纳米管(标记为 LnF_3@CNT，Ln 代指稀土元素)等不同类型基于碳纳米管的一维纳米电缆复合结构(标记为 M@CNT，M 代指填入碳纳米管的外来物质，CNT 代指碳纳米管，@表明外来物质存在于碳纳米管内部)。

研究选取灰分极低的中国云南煤(分析数据见表 2.2.1)及聚合物聚醚酰亚胺(Polyetherimide,PEI)(化学结构式见图 2.2.1)作为碳纳米管生长的碳源前驱体,于直流电弧放电装置上进行。之所以选择聚醚酰亚胺作为碳源前驱体一方面是由于其在化学结构及组成上与煤的相似性,另一方面则是由于其热分解温度在 500 ℃以上,是已知有机聚合物中热稳定性最高的品种之一,以之作为碳源前驱体时与沸点较低的简单芳香化合物萘(沸点 218 ℃)、蒽(沸点 345 ℃)或其他聚合物如聚乙烯等相比可以显著改善有机碳源在电弧等离子体导致的高温下蒸发过快、与催化剂反应失配的缺点,这对于碳纳米管的高效制备非常重要。实验使用填装有煤粉及催化剂粉末的石墨管(外径 10 mm,内径 6 mm)作为放电阳极,使用一高纯石墨电极(外径 15 mm,长 30 mm)作为放电阴极进行放电,其中煤粉与催化剂质量比及具体放电参数见表 2.2.1。

表 2.2.1 基于碳纳米管的一维纳米电缆的制备参数

Tab. 2.2.1 Synthesis parameter of CNT-based one-dimension nanocables

碳源前驱体	催化剂	碳源∶催化剂(质量比)	工作参数	实验产物
煤	氧化铜	9∶1	电流:70 A、电压:20 V 缓冲气体:氩气(0.08~0.09 MPa)	Cu@CNT 纳米电缆
PEI	氟化镧、氟化铈	7∶3	电流:70~90 A、电压:20~30 V 缓冲气体:氦气(0.08~0.09 MPa)	LnF_3@CNT 纳米电缆

2.2.1 铜/碳纳米管纳米电缆

铜是现代工业不可缺少的重要金属原料,在工业、交通运输、

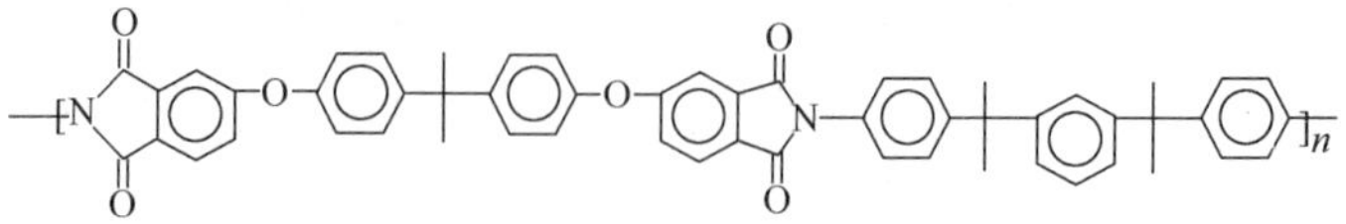

图 2.2.1 PEI的化学结构式

Fig. 2.2.1 Chemical structure of PEI

信息通信等诸多领域有着广泛的应用。随着21世纪纳米技术的迅猛发展,具有纳米量级尺度的铜材料更是由于其在纳米机械及电子学方面的潜在应用前景而在世界范围引发了广泛的研究热潮。其中,对于可应用于纳米电路及元器件构筑的一维铜纳米材料(线、棒、带)的研究更是方兴未艾,成为纳米材料研究的热点内容之一。制备铜纳米线的方法多种多样,主要包括气相沉积[232]、模板辅助电化学沉积[235-237]、液相反应直接合成[238,239]等。由于在纳米尺度下铜对空气中的氧十分敏感,这使得这些方法制备的铜纳米线极易氧化,从而大大限制了其在各方面的应用。本研究利用电弧放电方法,以廉价易得的中国无烟煤作为碳源前驱体,大量制备了外表为碳纳米管所包覆、长度达数十微米的金属铜纳米线,即Cu@CNT纳米电缆。由于碳纳米管的严密保护,包覆在其中的铜纳米线在较为苛刻的条件(如空气氧化、酸侵蚀等)下仍能长时间地保持其结构完整性不受破坏。此外,由于包覆在铜纳米线外部的碳纳米管同样具有优异的导电导热性能,这使得其对铜纳米线的电热性质影响甚微,而其极高的强度和韧性更加保证了这种铜/碳复合一维纳米材料的优异机械性能。

图 2.2.2 是沉积物的典型透射电子显微镜照片。产物中存在较多的碳纳米管且大部分管内均填充有长度 10～20 μm、直径均一的外来物质。这些外来物质在碳纳米管内部饱满连续填充，形成直径 30～80 nm 的纳米线结构，其长径比可达 200～360，填充长度远大于以石墨电弧法制备的类似结构[240,241]。在透射电子显微镜照片中，这些纳米线结构呈现为较深的黑色衬度，而碳纳米管的管壁则呈现为附着于黑色衬度边缘，厚度十余纳米的浅色衬度，这种衬度差异是由于物质原子密度不同，导致其对透射电子显微镜入射电子散射能力不同所造成的。包覆在碳纳米管内部的物质在透射电子显微镜下其衬度远远深于碳纳米管的衬度，表明其原子密度与碳相比要高很多，即填充在碳纳米管内部的确实是非碳的外来物质。由广泛的透射电子显微镜观察可见：产物中 80%～90% 以上的碳纳米管内均填充有此类外来物质晶体所形成的连续纳米线（图 2.2.3），相应的 EDX 分析表明除碳及铜外没有其他元素导致的信号存在，值得注意的是在此类纳米线上得到的 EDX 谱图中来自铜的 Lα 信号非常明显（图2.2.2(c)），而在透射电子显微镜铜网的空白处得到的 EDX 谱图中铜的 Lα 信号却十分微弱（图 2.2.2 (d)），这表明填充在碳纳米管内部的纳米线的主要成分可能是铜。

Cu@CNT 纳米电缆的选区电子衍射（SAED，Selected area electron diffraction）见图 2.2.3(b)及图 2.2.3(d)插图。Cu@CNT 纳米电缆的电子衍射花样由以花样中心斑为对称中心的规则衍射

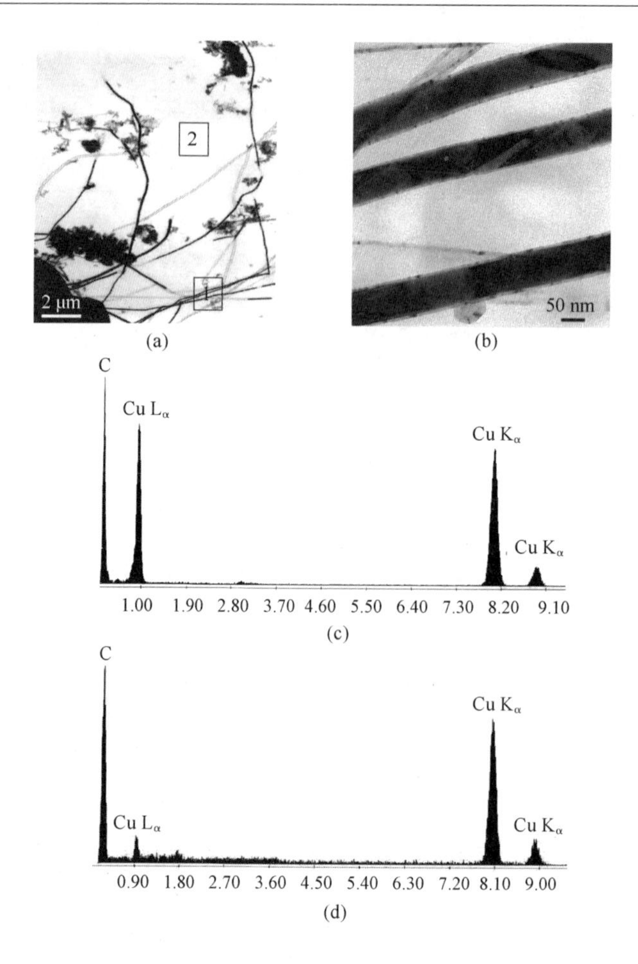

图 2.2.2 (a、b)Cu@CNT 纳米电缆的透射电子显微镜照片;(c)取自图 2.2.2a 中区域 1 的 EDX 谱图;(d)取自图 2.2.2(a)中区域 2 的 EDX 谱图

Fig. 2.2.2 (a) and (b) TEM images of Cu@CNT nanocables; (c) and (d) is the EDX spectrum taken from the selected rectangle area in Fig. 2.2.2(a), as marked by 1 and 2, respectively.

点阵和来自碳纳米管的一对衍射弧重叠而成，表明铜纳米线确系包覆于碳纳米管之内形成“纳米电缆”复合结构；来自铜纳米线的规则衍射点阵证明其具有良好的长程单晶结构，对之进行的计算标定结果与面心立方结构铜晶体(Cu,JCPDS 04-0836)沿<011>晶带轴的衍射相一致，这进一步确证包覆于碳纳米管管腔内部的确实是铜的单晶纳米线。此外，在衍射花样中来自铜晶体[111]方向的衍射与来自于碳纳米管管壁的(002)面衍射方向相互垂直，这表明铜纳米线的[111]方向是与碳纳米管管壁晶面方向垂直的，即其在碳纳米管内的生长方向为[111]方向。

选区电子衍射虽足以证明单晶铜纳米线在碳纳米管内的填充，但不能直观地表现填充物与碳纳米管之间的相互存在关系。为了对 Cu@CNT 纳米电缆的微观结构进行进一步表征，需使用高分辨透射电子显微镜对其微观晶体结构进行研究。图 2.2.4 是 Cu@CNT 纳米电缆的高分辨透射电子显微镜照片，由图可见电弧放电方法制备的碳纳米管管壁石墨化程度非常高，晶面结构规整，其层间距约为 0.34 nm，略大于平面石墨层片间距；包覆于碳纳米管内部的铜晶体纳米线呈现清晰的一维晶格条纹像，测量其晶面间距为 0.21 nm，与铜晶体(111)面间距一致($d_{111}=0.2087$ nm)，结合选区电子衍射分析结果可以进一步确定在碳纳米管内形成的是面心立方结构的铜单晶纳米线。此外，值得注意的是在碳纳米管与铜晶体纳米线交界的区域没有发现过渡层的存在，这体现了铜与碳较弱的结合能力[242,243]。

图 2.2.3　Cu@CNT 纳米电缆的透射电子显微镜照片

Fig. 2.2.3　TEM images showing many Cu@CNT nanocables.

在 Cu@CNT 纳米电缆制备过程中，最为显著的现象是其生长对铜催化剂的用量十分敏感。研究表明：当铜催化剂用量在 4%以下，得到的产物主要是线形的碳纳米管，如图 2.2.5；提高铜催化剂用量至 8%，得到的线形碳纳米管中则大部分填充有长达数微米的铜纳米线，即本研究的主要产物；进一步增加铜催化剂用量至 12%，产物中铜填充碳纳米管比例下降，开始有分枝碳纳米管出现；而当铜催化剂含量超过 16%时，产物则以分枝碳纳米管为主且随铜催化剂用量增加其产量和纯度均明显提高，但总体而言仍低

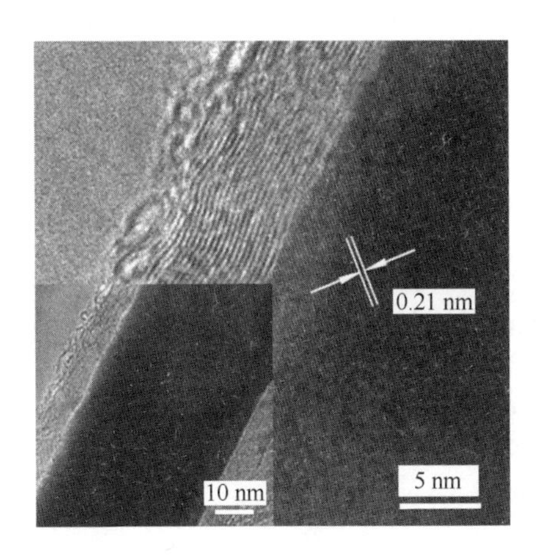

图 2.2.4　Cu@CNT 纳米电缆的高分辨透射电子显微镜照片

Fig. 2.2.4　HRTEM image of Cu@CNT nanocables

于在氦气中放电的结果，其透射电子显微镜照片见图 2.2.6。为明晰起见，不同铜催化剂用量下产物的变化规律总结于表 2.2.2。

表 2.2.2　不同铜催化剂用量下得到的碳纳米管形态

Tab. 2.2.2　Various forms of CNTs produced under different conditions

样品	煤中的催化剂负载量	工作电流及电压	产物
I	4%	20V,70A	碳纳米管
II	8%	20V,70A	铜@碳纳米管
III	12%	20V,80A	分枝碳纳米管及铜@碳纳米管
IV	16%～25%	20V,80A	分枝碳纳米管

以上结果表明：以合适的煤种作为碳源前驱体，在电弧放电条件下可以通过简单改变铜催化剂的用量（4%～25%）就实现对线形碳纳米管、Cu@CNT 纳米电缆和分枝碳纳米管的选择性制备。

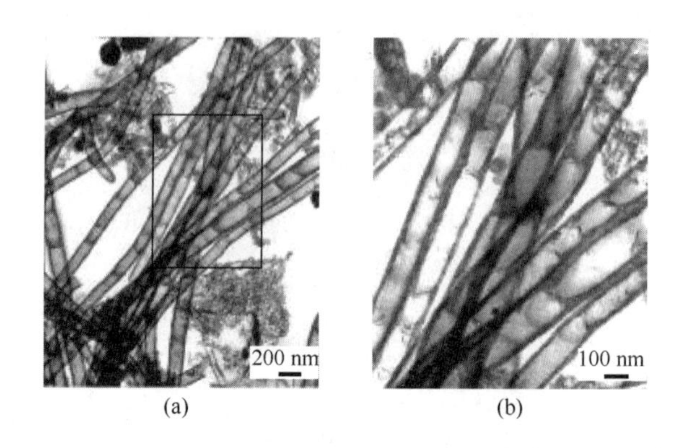

图 2.2.5 铜催化剂用量为 4%时制备的线形碳纳米管透射电子显微镜照片

Fig. 2.2.5 TEM images of linear CNTs produced with 4% of Cu catalyst loading in coal

这些碳纳米管在形态上与化学气相沉积法制备的碳纳米管十分类似，而与传统石墨电弧放电法制备的碳纳米管差异颇大，这表明其生长可能遵循类似化学气相沉积生长碳纳米管的机制，即由煤的独特结构和化学组成引发的高温化学气相沉积机理。在此机制驱动下，铜催化剂用量的不同导致其蒸发后在电弧等离子体中气相浓度的差异，进而影响最终的产物形态：

当铜催化剂浓度较低时其存在只能引发碳纳米管生长，不足以为其在碳纳米管内的进一步填充提供足够的铜源；当铜催化剂用量增加时，电弧等离子体中铜催化剂气相浓度增加，这就使得 Cu@CNT 纳米电缆的形成成为可能；若在此基础上进一步增加铜催化剂的用量，使铜催化剂在气相中的浓度大大增加则将导致形成较大尺寸的铜催化剂颗粒，文献报道铜催化剂与活性较高的铁、

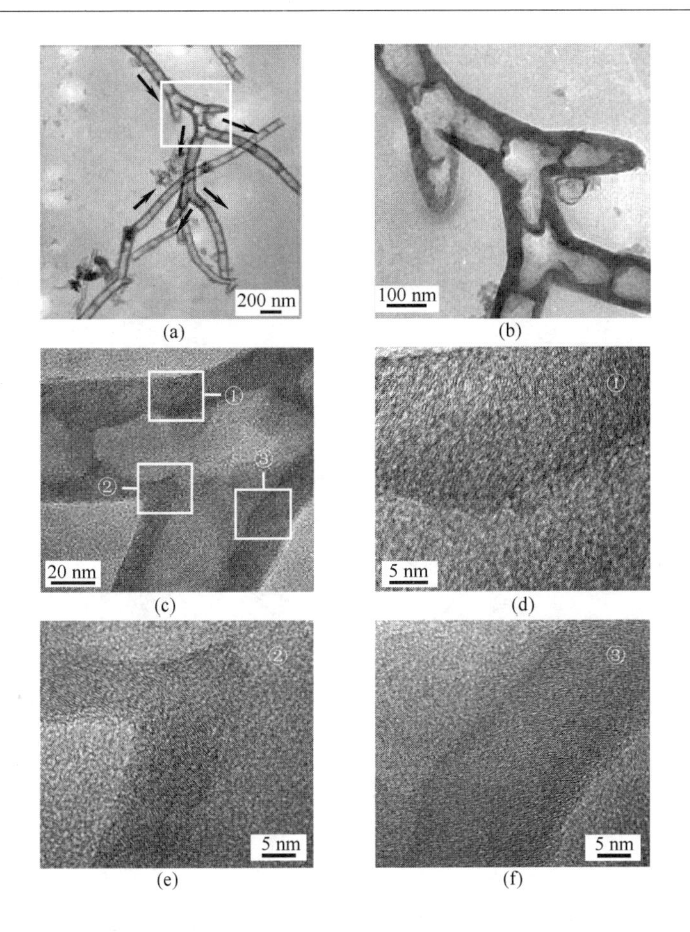

图 2.2.6　铜催化剂用量为 16%～25%时制备的分枝碳纳米管透射电子显微镜照片

Fig. 2.2.6　TEM images of the BCNTsuproduced with 16%～25% of Cu catalyst loading in coal

钴、镍不同，其催化性能在很大程度上依赖于其颗粒尺寸，在与高温化学气相沉积类似的条件下，较大尺寸的铜催化剂颗粒可以表现出

对 sp^2-sp^3 混合键态的催化能力，并诱导负曲率鞍形碳层结构的形成，从而引发碳纳米管结构上的变异，促使分枝碳纳米管形成[244，245]。当铜催化剂用量较大时，得到的分枝碳纳米管直径明显大于用量较少时得到的线形碳纳米管直径，这从一个侧面证明了铜催化剂用量对其颗粒尺寸及其引发的碳纳米管生长模式的影响，如图 2.2.7。

图 2.2.7　碳纳米管的选择性制备示意图

Fig. 2.2.7　Schematic illustration for selective synthesis of CNTs with linear, hybrid and branched structure

除催化剂外，电弧放电时反应器内的缓冲气体种类和压力对于 Cu@CNT 纳米电缆的生长也具有相当大的影响。当使用氦气代替氩气作为放电气氛进行放电时，得到的碳纳米管绝大多数都是中空的分枝碳纳米管。这可能是由于氦气作为缓冲气氛时弧区温度更高从而使得铜保持气相的时间更久，因而其凝聚过程与碳纳米管的生长过程不能同步进行，即过高的反应温度对于 Cu@CNT 纳米电缆的生长具有抑制效应。另外很难得到在氩气压力为 0.02～0.03 MPa 和 0.05～0.06 MPa 时的纳米电缆。由于提高缓冲气体压力会使弧区温度升高,因此,可推断形成 Cu@CNT 纳米电缆的弧区温度不能太低。综合二者可知:Cu@CNT 纳米电缆的生长对于弧区温度十分敏感,只有合适的弧区温度才有利于其生长。

当使用高纯石墨作为碳源时,在惰性气氛中只有大量的碳包覆颗粒及无定形炭生成。事实上前人已经证明:当使用惰性气体作为缓冲气氛在铜催化剂辅助下进行电弧放电时,基本上不能生成任何形态的碳纳米管,这一方面是因为铜不能形成碳纳米管成核所需的稳定/亚稳态金属碳化物相,另一方面则是由于铜自身对于碳纳米管形成的催化作用很弱[242,243],只有在气相热解某些碳氢化合物或在氢气中放电时,铜才能在合适的条件下催化碳纳米管的生长,人们认为这与碳氢化合物热解或氢弧放电时形成的多环芳香烃(polycyclic aromatic hydrocarbons,PAHs)有关,并用实验验证了这一点[240,241,246]。而未经炭化处理的煤中含有大量的多环芳香结构单元,这些单元以桥键结构相连接,在电弧高温下很容易在电弧区形成类似于碳氢化合物热解或氢弧放电时的反应环境,从而为铜催化条件下各种碳纳米管的形成创造了有利的气氛条件。与使用石墨相比,煤(尤其是未经热处理的煤)的独特结构和化学成分决定了其在碳纳米材料制备方面的优势:用煤作为碳源前驱体直接制备碳纳米材料不仅可以进一步降低碳纳米材料的制备成本和工艺复杂性,更重要的是与使用石墨为碳源前驱体的碳纳米材料制备过程相比,在机理上也具有其自身的独特性,从而可能为煤基碳纳米材料的制备开辟新的途径。

2.2.2 稀土氟化物/碳纳米管纳米电缆

由 Cu@CNT 纳米电缆的生长机理可知，煤的独特分子结构与化学组成是影响碳纳米管生长机制的根本原因。通过对碳源前驱体化学结构和组成的适当控制将煤基电弧放电体系扩展到更为广阔的领域（如与煤具有类似结构特征和化学组成的高分子聚合物）。

作为一种重要的功能材料，稀土元素及其化合物以其在发光材料、磁性材料、储氢材料、静密陶瓷、高温超导材料及催化剂等诸多方面的应用已受到材料科学研究领域的广泛关注。特别是将之引入碳纳米管量子内腔所构成的纳米限域空间后，稀土元素的形态结构或物理化学性质将可能发生较大的改变，从而赋予其更加优异的性能和广阔的应用前景；此外，碳纳米管在稀土纳米材料上的包覆还可以避免其表面缺陷的形成，这对于某些具有优异光学性能的稀土物质如稀土氟化物具有特殊的意义。目前，人们已利用电弧放电法、熔融媒介法和液相湿化学法制备出了内部填充有稀土元素碳化物[247]、氯化物[248]和金属有机化合物[249]纳米颗粒的碳纳米管，然而对于稀土氟化物在碳纳米管内部的填充目前尚无报道。本研究利用聚合物聚醚酰亚胺（Polyetherimide，PEI）或中国无烟煤作为碳纳米管生长的碳源前驱体，两种稀土氟化物（氟化铈、氟化镧）为催化剂，利用电弧放电法对稀土氟化物@碳纳米管纳米电缆的制备进行了探索。

迄今为止，人们已经利用多种方法制备了一系列的稀土氟化物纳米结构，如零维富勒烯状纳米颗粒[250,251]、单分散纳米晶[252-255]、二维盘状纳米颗粒等[256,257]。然而到目前为止，尚无适当的方法对稀土氟化物纳米线进行有效的制备。本研究中，在碳纳米管内得到的稀土氟化物晶体构成长达数微米的一维连续纳米线结构，以之作为前期原料，通过氧化处理除去碳纳米管包覆层后可以获得结构完善的稀土氟化物（氟化铈、氟化镧）单晶纳米线，这不但为稀土氟化物纳米线制备研究探索了新的途径，也为碳纳米管复合结构制备的深入研究提供了新的思路。

图 2.2.8 是以氟化铈为催化剂时得到放电产物的 XRD 谱图，图中除碳纳米管(002)晶面引起的尖锐衍射峰及少量碳化铈引起的微弱衍射峰外，其他衍射峰均可归结于由氟化铈(CeF_3，JCPDS 08-0045)所引起，即产物的主要成分为高度石墨化的碳和氟化铈。进一步的透射电子显微镜观察表明产物中含有大量填充有外来物质连续晶体的碳纳米管，结合 XRD 分析结果可以推断包覆于碳纳米管之内的物质可能是氟化铈。图 2.2.9(a)是填充有氟化铈晶体的碳纳米管透射电子显微镜照片，90％以上的碳纳米管管腔内部均被氟化铈晶体所占据。相应的较高分辨率透射电子显微镜照片，如图 2.2.9(b)，表明氟化铈晶体在碳纳米管内部饱满连续填充，形成直径约在 50 nm 以下，长达数微米，与碳纳米管管腔轮廓吻合的一维晶体纳米线结构。CeF_3@CNT 纳米电缆的选区电子衍射花样显示于图 2.2.9(c)。由图可见：CeF_3@CNT 纳米电缆的衍射花样是由氟化铈单晶体引起的规则衍射点阵和碳纳米管管壁引起的(002)衍射弧以花样中心斑为对称中心叠合而成的。对此

电子衍射花样进行计算标定的结果与氟化铈的晶体结构相一致，这证明包覆在碳纳米管内部的物质确实是氟化铈的晶体纳米线。此外，EDX 分析也确证了其中铈及氟元素的存在，如图 2.2.9(d)。

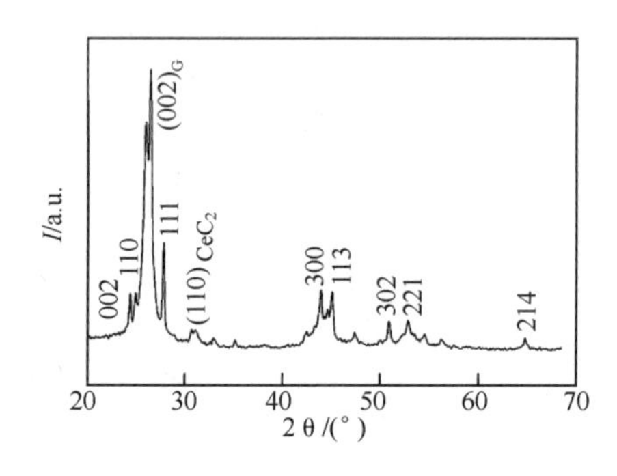

图 2.2.8　包含有 CeF_3@CNT 纳米电缆样品的 XRD 谱图

Fig. 2.2.8　XRD profile of the sample containing CeF_3@CNT nanocables

图 2.2.10 是 CeF_3@CNT 纳米电缆的高分辨电子显微镜照片。包覆在碳纳米管内的氟化铈晶体纳米线具有良好的长程单晶结构且在碳纳米管内可以沿不同的取向生长。图 2.2.11(a)所示的纳米线在平行于其长轴方向上晶面间距为 0.35 nm，对应于氟化铈晶体的$(11\bar{2}0)$晶面间距($d_{11\bar{2}0}=0.355\ 0$ nm)，即其生长方向为$[11\bar{2}0]$方向；在图 2.2.11(c)中可以观察到清晰的氟化铈晶体二维晶格像，其中晶面间距为 0.28 nm、0.36 nm 和 0.47 nm 的晶格条纹分别对应于氟化铈晶体的$(20\bar{2}1)$、$(11\bar{2}0)$及$(\bar{1}101)$晶面($d_{20\bar{2}1}=0.283\ 6$ nm，$d_{11\bar{2}0}=0.355\ 0$ nm，$d_{\bar{1}101}=0.470\ 2$ nm)，在这些晶面中$(20\bar{2}1)$面方向与该纳米线的长轴方向垂直，即此纳米线是沿垂

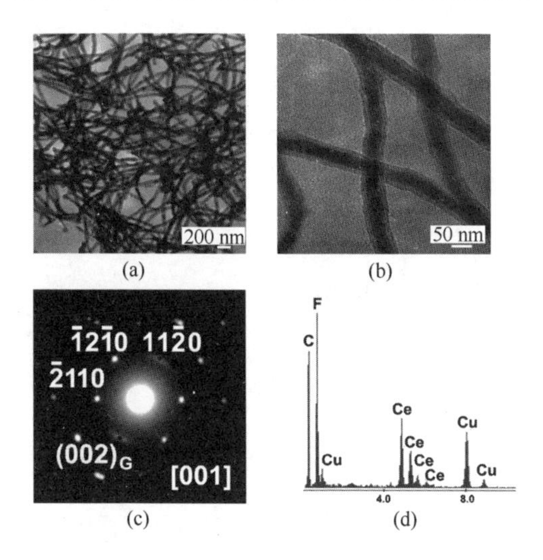

图 2.2.9 (a、b)CeF_3@CNT 纳米电缆的透射电子显微镜照片；(c)选区电子衍射花样；(d)EDX 谱图，铜的信号来自于透射地镜分析用铜网

Fig. 2.2.9 (a) and (b) TEM images of CeF_3@CNT nanocables; (c) corresponding SAED pattern; (d) EDX spectrum, in which the Cu signals are from the grid used for TEM examination

直于$(20\bar{2}1)$晶面的方向生长的；同样在图 2.2.11(d)中也可以观察到氟化铈晶体的二维晶格像，其间距为 0.31 nm 和 0.32 nm 的晶格条纹可对应于氟化铈晶体的$(2\bar{2}00)$及$(11\bar{2}1)$晶面($d_{2\bar{2}00}$ = 0.308 0 nm，$d_{11\bar{2}1}$ = 0.319 5 nm)，由透射电子显微镜照片可见该纳米线的生长方向为$[11\bar{2}1]$方向；图 2.2.11(e)所示的也是氟化铈晶体的二维晶格像，其间距为 0.31 nm 的晶面条纹可对应于氟化铈晶体的$(20\bar{2}0)$及$(0\bar{2}20)$晶面($d_{20\bar{2}0}$ = $d_{0\bar{2}20}$ = 0.308 0 nm)，进而

根据其相应的快速傅里叶变换(fast Fourier transform,FFT)图像(见于图2.2.11(g))即可判断出此纳米线的生长方向为[1$\bar{1}$00]方向。除此之外,值得注意的是在该纳米线的(20$\bar{2}$0)或(0$\bar{2}$20)晶面上可以观察到超晶格结构的存在。如图2.2.11(f)所示,此超晶格结构的长度周期为0.93 nm,恰好是三个(20$\bar{2}$0)或(0$\bar{2}$20)晶面间距之和,在其相应的快速傅里叶变换图像中,沿(20$\bar{2}$0)或(0$\bar{2}$20)晶面方向的斑点和中心斑之间的距离被两个斑点等分为三等份,这也证明了在该晶面方向上由三个(20$\bar{2}$0)或(0$\bar{2}$20)晶面组成的超晶格结构的存在。在一般晶体纳米线的形成过程中其一维生长均自发沿高表面能晶面进行,以降低系统能量,而在碳纳米管内部氟化铈晶体纳米线的生长却具有多种取向模式,这充分体现了碳纳米管在氟化铈晶体生长过程中的限域效应,即碳纳米管在氟化铈晶体周围的严密包覆可以严格限制其外延生长,从而强制氟化铈晶体也可以沿表面能较低的晶面生长形成长程结构连续的纳米线,表明碳纳米管在氟化铈晶体纳米线的生长过程中不仅具有形态模板作用,而且对其晶体生长习性也有非常大的影响。

由以上结果可知,利用电弧放电方法,以聚合物聚醚酰亚胺作为碳源前驱体可以实现CeF_3@CNT纳米电缆的制备。注意到氟化铈晶体在碳纳米管内腔以长程结构连续的纳米线形态存在,且其热氧化环境中稳定性远高于碳纳米管,这启示笔者可以通过热氧化方法在适当条件下将包覆在氟化铈纳米线外部的碳纳米管层除去以制备纯净的氟化铈晶体纳米线。图2.2.12是CeF_3@CNT

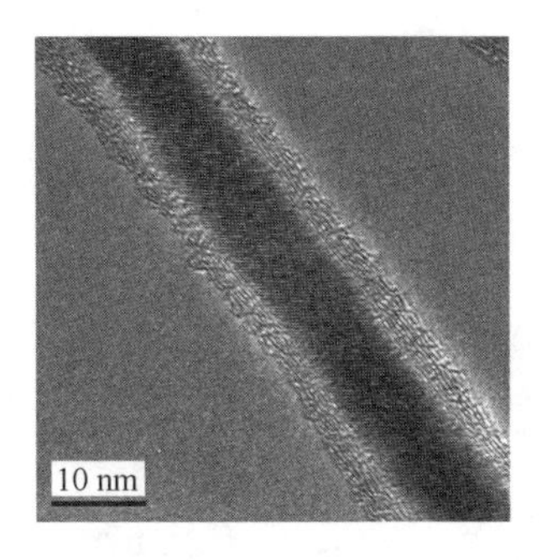

图 2.2.10 具有长程单晶结构的 CeF_3@CNT 纳米电缆透射电子显微镜照片

Fig. 2.2.10 TEM images of a CeF_3@CNT nanocable with long-order monocrystalline structure

纳米电缆在 500 ℃下热氧化处理 3 h 后的透射电子显微镜照片，可见氟化铈晶体纳米线在热氧化处理后仍能保持良好的一维形态。对其进行的选区电子衍射花样与氟化铈晶体在＜100＞晶带轴方向的单晶衍射花样一致，表明热氧化处理后氟化铈纳米线的晶体结构并未受到破坏。值得注意的是在此衍射花样中仅能观察到由氟化铈晶体引起的规则衍射点阵，而由碳纳米管引起的(002)衍射弧已经完全消失，这标志着包覆在氟化铈纳米线周围的碳纳米管层已经被完全除去。在高分辨透射电子显微镜分析中，这一点被进一步证实：在图 2.2.12(d)所示的氟化铈纳米线周围已不能观察到碳层的存在，同时纳米线自身体现出良好的单晶结构。在图 2.2.13所示的 XRD 谱图中所有的衍射峰均可归属于氟化铈相，而由石墨碳引起的(002)尖锐衍射峰已经完全消失，这与透射电子显

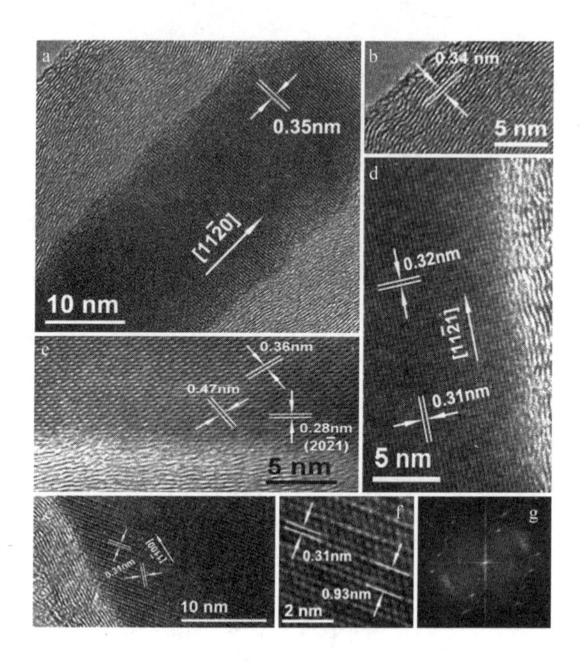

图 2.2.11　CeF_3@CNT 纳米电缆的高分辨透射电子显微镜照片：

(a-e)具有不同生长取向的 CeF_3@CNT 纳米电缆；

(f)氟化铈纳米线中存在的超晶格结构；(g)超晶格结构相应的快速傅里叶变换图像

Fig. 2.2.11　(a-e) HRTEM images of CeF_3@CNT nanocables with different growth directions; (f) The enlarged view of Fig. 2.2.11(e), showing the presence of superlattice; (g) the corresponding fast Fourier transform (FFT) image of Fig. 2.2.11(f)

微镜及选区电子衍射的分析结果完全一致。

使用性质与氟化铈相近的氟化镧在相同条件下也可实现纳米电缆结构的大量制备。图 2.2.14 是 LaF_3@CNT 纳米电缆的透射

图 2.2.12 (a-c)除去碳层后的氟化铈纳米线透射电子显微镜照片,其相应的选区电子衍射花样见于 c 插图;(d)除去碳层后的氟化铈纳米线的高分辨透射电子显微镜照片

Fig. 2.2.12 Un-coated CeF_3 nanowires obtained by oxidizing the CeF_3@CNT nanocables in air: (a) an overview; (b) and (c) zoom fraction, inset in Figure 2.2.12(c) is the SAED pattern; (d) HRTEM image of one naked wire

电子显微镜照片,可以发现氟化镧晶体大量填充于碳纳米管内,形成直径 10～50 nm,长约数微米的连续纳米线结构,其形态与包覆于碳纳米管内的氟化铈纳米线十分相近。对其进行的选区电子衍射、高分辨透射电子显微镜微观分析和 XRD 宏观分析(图 2.2.15)均证明包覆于碳纳米管内的是具有良好单晶结构的氟化镧纳米线。与氟化铈晶体在碳纳米管内的生长相似,氟化镧纳米线在碳纳米管内也具有多样的生长模式,这进一步证明碳纳米管在稀土

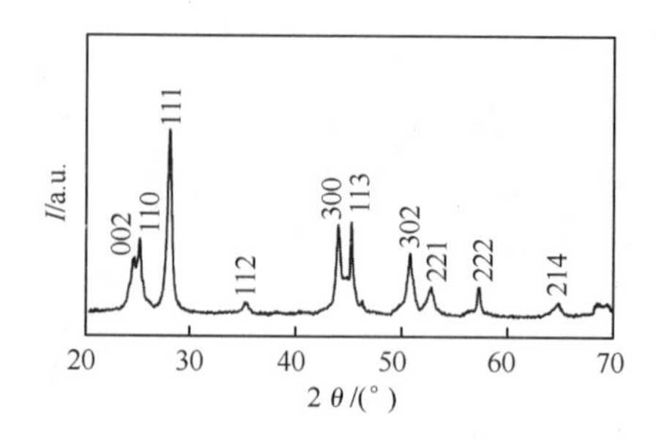

图 2.2.13 除去碳层后的氟化铈纳米线的 XRD 谱图

Fig. 2.2.13 XRD profile of the sample containing naked CeF_3 nanowires

氟化物纳米线生长过程中确实具有形态模板和改变晶体内在生长模式的双重作用。同样,还可以用 LaF_3@CNT 纳米电缆为基本原料制备无碳层包覆的氟化镧纳米线(图 2.2.16),其制备过程及结果与氟化铈纳米线非常相似。

当以氧化镧、氧化铈代替其相应的氟化物进行放电时,得到的仅仅是无规则的碳包覆纳米颗粒和无定形碳,这与早期的文献报道非常一致。另外,对稀土氟化合物@碳纳米管纳米电缆的详细 EDX 表征(图 2.2.17)也给出了稀土化合物自身性质对其在碳纳米管内填充影响的证据。以 CeF_3@CNT 纳米电缆为例,对其生长端部进行的 EDX 分析显示在该部位氟元素的比例随碳元素比例的急剧增加骤然下降,尽管碳元素在 EDX 中的信号也可能来自透射电子显微镜所用的微栅,但鉴于 EDX 谱图中除氟、碳、铈元素和来自微栅的铜信号外没有其他元素引发的信号存在且在电弧等离子体高温条件下性质非常活泼的铈元素不可能以单质形式存在,

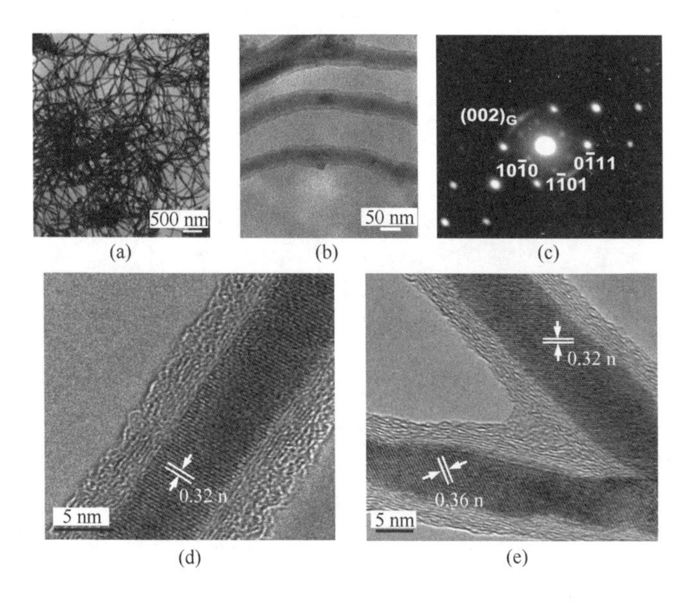

图 2.2.14 (a、b)LaF_3@CNT 纳米电缆的透射电子显微镜照片；(c)选区电子衍射花样；(d、e)高分辨率透射电子显微镜照片

Fig. 2.2.14 (a) and (b) TEM images of LaF_3@CNT nanocables; (c) SAED pattern; (d) and (e) HRTEM images

可以确定 EDX 分析中碳元素比例的急剧增加和氟元素比例的降低是由于在该部位铈的碳化物相取代氟化物相所导致的。这表明 CeF_3@CNT 纳米电缆的生长可能是由其相应的碳化物相(CeC_x)形成的纳米颗粒所引发的，当碳纳米管在 CeC_x 颗粒“种子”上按照“溶入-析出”机理[258]成核并生长出来后，氟化铈便不断填充进入碳纳米管中，最终形成连续的 CeF_3@CNT 纳米电缆结构。当使用相应的氧化物代替氟化物时，碳纳米管尽管仍可由其碳化物颗粒

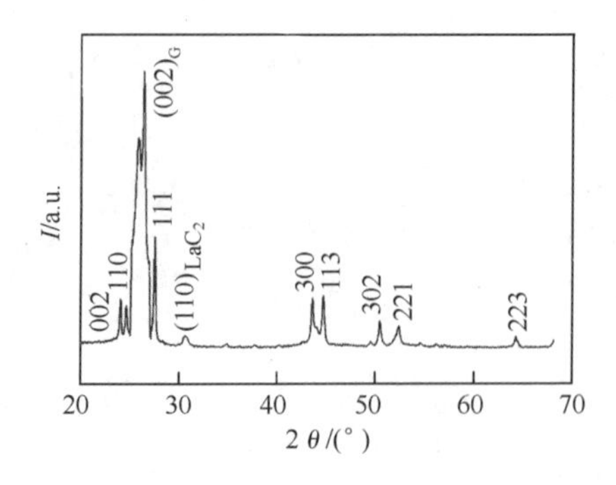

图 2.2.15　LaF_3@CNT 纳米电缆的 XRD 谱图

Fig. 2.2.15　XRD profile of the samples containing LaF_3@CNT nanocables

上成核，但在生长后期却更倾向于形成碳包覆纳米颗粒结构，这清楚地表明此时碳纳米管的成核速率远大于碳源供给速率，因而最终导致大量碳包覆纳米颗粒的形成，而稀土氟化物参与反应时则可以稳定稀土元素以使其碳化物相的生成速度减慢，因而有利于碳纳米管的大量生长，反过来也为稀土氟化物在碳纳米管内的高效填充创造了条件。此处需要说明的是对于纳米电缆生长端部和顶部的判断是基于其形态进行的，在透射电子显微镜观察下稀土氟化物填充碳纳米管的顶部大多具有尺寸 10～20 nm 的空腔结构，这是碳纳米管生长阶段最后自封闭的结果（图 2.2.17c～d），同时也表明碳纳米管的生长略快于稀土氟化物在其内部的填充，即碳纳米管在稀土氟化物纳米线的形成过程中起到了形态模板的作用。

在稀土氟化物@碳纳米管纳米电缆的制备过程中，当使用纯

图 2.2.16 (a、b)除去碳层后的氟化铈纳米线透射电子显微镜照片，其相应的选区电子衍射花样见于图 c;(d)除去碳层后的氟化铈纳米线的高分辨率透射电子显微镜照片

Fig. 2.2.16 Un-coated CeF_3 nanowires obtained by oxidizing the CeF_3@CNT nanocables in air: (a) an overview; (b) zoom fraction, (c) the SAED pattern; (d) HRTEM image

碳质的石墨代替聚醚酰亚胺进行反应时，除大量的无规则碳包覆纳米颗粒和无定形炭之外，基本没有纳米电缆结构生长，这表明聚醚酰亚胺不仅在此过程中充当了碳纳米管生长的碳源前驱体，而且也可能对稀土氟化物@碳纳米管纳米电缆的生长机理具有较大的影响。为了对此进行研究，笔者对聚醚酰亚胺的分子结构(见图

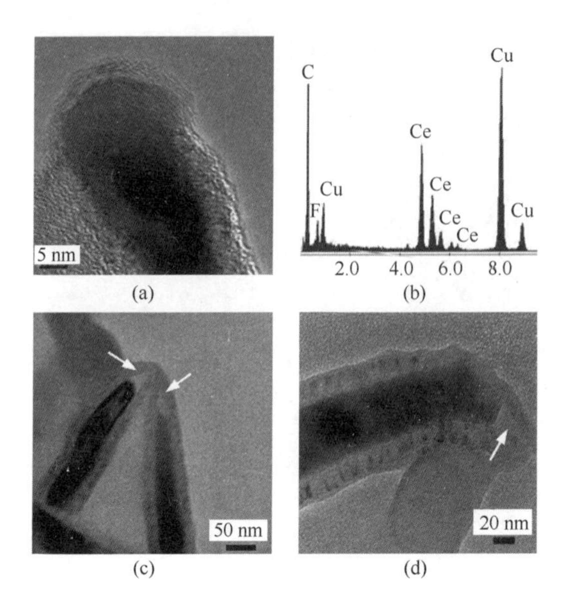

图 2.2.17　(a)CeF_3@CNT 纳米电缆生长端部的透射电子显微镜照片;(b)相应的 EDX 图谱;(c、d)CeF_3@CNT 纳米电缆生长顶部的透射电子显微镜照片;

Fig. 2.2.17　(a) TEM image of the growth end of a CeF_3@CNT nanocable, of which the EDX spectra is shown in (b); (c) and (d) the images of tip of CeF_3@CNT nanocables

2.2.1)进行了分析:聚醚酰亚胺的基本结构单元是大量的简单芳环结构,这些芳环结构彼此之间以较弱的醚键或脂肪烃链相互连接形成高分子聚合物结构,这与前述章节中所使用碳源前驱体——煤的结构和化学组成在整体上十分相似;再联系到最终产物在阴极上的分布、类似于化学气相沉积产物的生长形态及其对催化剂的强烈依赖性,可以推断以聚醚酰亚胺作为碳源前驱体时,稀土氟化物@碳纳米管纳米电缆的形成可能遵循与煤基碳纳米管生长类似的高温气相沉积机制:在电弧放电引发的高温条件下聚醚酰亚胺受热蒸发分解,此过程中由于结构单元之间相对较弱的结合键优先断裂及分子的碳氢化合物成分特征,其分解的产物是大量的碳氢化合物分子碎片,这些碳氢化合物分子碎片在弧区大量存在,使电弧放电在缺少活性气体(如氢气、甲烷、乙炔等)的情况下仍然可以向类似"Flash CVD"[259]的反应过程转变;在反应初期,由于这些碳氢化合物分子碎片的能量较高,它们非常容易吸附于先期形成的稀土碳化物纳米颗粒上并通过自发脱氢降低系统能量,然后在"溶入-析出"机理[258]作用下在这些颗粒上转变为石墨碳层以形成碳纳米管生长的"种子"(图2.2.18步骤Ⅰ);在随后的碳纳米管生长过程中,稀土氟化物在碳纳米管毛细管作用的诱导下不断进入碳纳米管内腔并自气相中析出,在稀土氟化物上成核(图2.2.18步骤Ⅱ);随着反应的不断进行,稀土氟化物晶体的连续生长和碳纳米管的生长同时进行(图2.2.18步骤Ⅲ)并在碳纳米管自封口后结束,最终在碳纳米管内形成长达数微米的稀土氟化物纳米线结构(图2.2.18步骤Ⅳ)。在此过程中,电弧区域气相中大量存在的碳氢化合物碎片抑制了自三价稀土氟化物向低价稀土碳化物的还原过程,这使得反应中只形成少量的稀土碳化物相供碳纳米管成核,因而避免了大量碳包覆稀土碳化物纳米颗粒的形成,这与XRD谱图中微弱的稀土碳化物衍射非常一致。与之相比,当以石墨作为碳源前驱体时,电弧区域存在的是大量的纯碳蒸气,在电弧放电引发的高温条件下，这些碳蒸气极易通过碳热还原反应将三价稀土化合物还原为其低价碳化物相，这使得反应过程中碳包覆结构成核速率远远超过碳源的供给速率，因而最终导致大量碳包覆颗粒而非碳纳米管的生成。

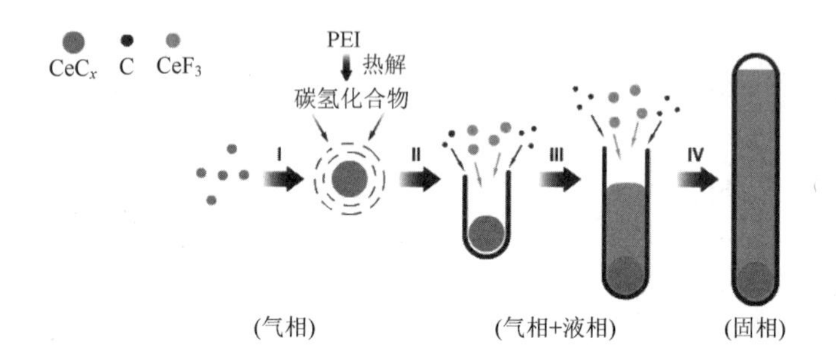

图 2.2.18　LnF_3@CNT 纳米电缆的形成机理示意图(以氟化铈为例)：

(Ⅰ)碳纳米管成核;(Ⅱ、Ⅲ)碳纳米管及氟化铈晶体在其内部的同步生长；

(Ⅳ)碳纳米管自封闭使氟化铈晶体纳米线成型

Fig. 2.2.18　Schematic illustration of the growth process of LnF_3@CNT nanocables: CNT nucleus forming; (Ⅱ) and (Ⅲ) CNT continuously growing and CeF_3 *in-situ* filling within it; (Ⅳ) CNT self-sealing

为了对上述机理进行验证，使用煤代替聚醚酰亚胺作为碳源前驱体在相同条件下进行了实验，结果表明在此情况下仍然可以制备稀土氟化物@碳纳米管纳米电缆，其透射电子显微镜图像如图 2.2.19。这证明聚醚酰亚胺及煤在 LnF_3@CNT 纳米电缆制备过程中确实起到了相似的作用：它们不仅充当碳源前驱体，而且大大影响电弧放电及碳纳米管生长机制，从而使 LnF_3@CNT 纳米电

图 2.2.19 以煤为碳源前驱体制备的 LnF_3@CNT 纳米电缆透射电子显微镜照片：(a)LaF_3@CNT 纳米电缆；(c)CeF_3@CNT 纳米电缆；其相应的选区电子衍射图像见于图 2.2.19b 及图 2.2.19d 插图

Fig. 2.2.19 TEM images of LnF_3@CNT nanocables prepared using coal as carbon precursor: (a) Ln=La; (c) Ln=Ce; Insets in Fig. 2.28b and Fig. 2.28d are corresponding SAED patterns

缆得以大量高效地制备。

电弧放电时反应器内的缓冲气体种类和压力对于 LnF_3@CNT 纳米电缆的生长具有相当大的影响。当使用氩气代替氦气作为放电气氛进行放电时基本不能得到填充有稀土氟化物的碳纳米管；而当氦气压力在 0.05 MPa 以下时也较少发现有 LnF_3@CNT 纳米电缆形成。考虑到以氦气作为放电介质或增加缓冲气体压力均有利于弧区温度的升高，可知较高的弧区温度有利于稀土氟化物在碳纳米管内的填充。在高温条件下,稀土氟化物(沸点约2300 ℃)更易于维持气相状态,从而可以高效地进入碳纳米管内部并连续生长形成纳米电缆结构。

2.2.3 过渡金属/碳纳米管纳米电缆

除与碳结合能力较差的金属(铜)或化合物(稀上氟化物)之外,与碳结合能力较强的过渡金属元素(如铁、铬等)也以相应碳/硫化物的形式填充进入碳纳米管,但其填充效率相比以铜或稀土氟化物为催化剂时则要低得多。这些填充有铁/铬碳化物的碳纳米管与大量无定形炭、金属纳米颗粒及中空碳纳米管共生,直径分布为30～150 nm,填充长度介于几十纳米至十几微米之间,其外部的碳纳米管管层具有非常好的石墨化程度,即使在盐酸中浸泡数月也可保护其内部的填充物质不受损害。

图2.2.20是以铁为催化剂时得到填充碳纳米管的透射电子显微镜照片,可以观察到填充物在碳纳米管内填充饱满,其直径10～50 nm,长度在1～2 μm以下。对碳纳米管内部的晶体纳米线进行的选区电子衍射分析结果(图2.2.20c)与碳化铁相(Fe_3C,JCPDS 34-0001)一致,即包覆在碳纳米管内的是碳化铁的连续纳米线。高分辨透射电子显微镜(图2.2.20d)分析显示此类纳米线具有良好的单晶结构,其显示于照片上的晶面间距为0.25 nm,与碳化铁的(002)晶面间距($d_{002}=0.2547$ nm)一致。值得注意的是在碳化铁填充物与碳纳米管接触的区域形成了类似边界层的区域,而在铜或稀土氟化物填充碳纳米管中则不存在类似情况,这表

明与铜和稀土氟化物相比，铁与碳的结合能力更强。除碳化铁之外，铬也可以在碳纳米管内形成连续的纳米线结构。与填充有碳化铁的碳纳米管不同，铬填充的碳纳米管从形态上可以明显分为两类：一类直径在 100 nm 以上，长约数微米，其透射电子显微镜照片见于图 2.2.21(a)，选区电子衍射分析表明其为结构良好的单晶体，对衍射花样进行的计算结果与硫化铬(Cr_6S_7，JCPDS 09-0273)相一致(硫成分可能来源于煤)，其高分辨透射电子显微镜照片中的一维晶面条纹面间距为 0.207 nm，对应于硫化铬的(224)面间距(d_{224}=0.2074 nm)；另一类直径在 50～80 nm，长度在 1 μm 以下，且其端部有空腔存在(图 2.2.21c)，对其进行的选区电子衍射分析结果与碳化铬(Cr_7C_3，JCPDS 36-1482)相一致。尽管两类铬填充碳纳米管成分各异，但其形态上的共同之处是即使在很长的填充长度时，仍然可以保持长直的形态而不发生任何弯曲，联想到铬是自然界硬度最高的金属，可以推想由铬化合物所构成的填充物对碳纳米管起到了支撑和增强作用，使纳米电缆具有更高的机械强度。

总之，与铜及稀土氟化物相比，以过渡金属铁和铬作为催化剂时得到的碳包覆金属纳米线就产量及质量而言均较差，这可能归结为金属与碳结合能力差异所导致的结果：当使用与碳结合能力较强的过渡金属元素作为催化剂时，其与碳的快速结合使得碳纳米管的成核速率远快于碳源的供给速率，因而碳纳米管的生长仅能停留在初始阶段并自发形成碳包覆纳米颗粒以降低系统能量；而当使用与碳结合能力较弱的铜或稀土氟化物作为催化剂时，碳

图 2.2.20 (a、b)Fe_3C@CNT 纳米电缆的透射电子显微镜照片；(c)选区电子衍射花样；(d)高分辨透射电子显微镜照片

Fig. 2.2.20 (a) TEM images of Fe_3C@CNT nanocables; (b) enlarged image; (c) SAED pattern; (d) HRTEM image

纳米管成核较慢，可以在碳源的协调供给下持续稳定生长，这为在其内部晶体纳米线的连续生长创造了先决条件；此外，铜或稀土氟化物与碳较弱的结合能力也使得碳层不易在其生长前端形成以使碳纳米管过早封闭，这也有利于其在碳纳米管形成较长的连续晶体纳米线结构。

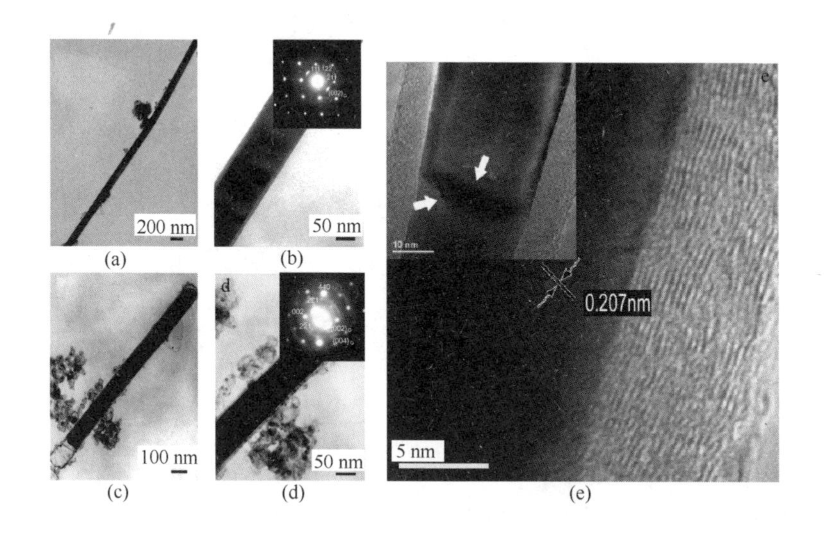

图 2.2.21 (a、b)Cr_6S_7@CNT 纳米电缆的透射电子显微镜照片；

(c、d)Cr_7C_3@CNT 纳米电缆的透射电子显微镜照片；

(e)Cr_6S_7@CNT 纳米电缆的高分辨透射电子显微镜照片

Fig. 2.2.21 (a, b) TEM images of Cr_6S_7@CNT nanocables; inset in Fig. 2.2.21b is the corresponding SAED pattern; (c, d) TEM images of Cr_7C_3@CNT nanocables; inset in Fig. 2.2.21d is the corresponding SAED pattern; (e) HRTEM image of a Cr_6S_7@CNT nanocable

3　纳米电缆结构的低温合成

尽管电弧放电法在制备高质量碳纳米材料方面具有其他方法无法比拟的优势，但也同时存在一些缺点，如能耗较高、反应条件剧烈、难于对实验条件及产物微结构进行精细控制等。这就需要寻求更为简便易行、可控性强的一维碳包覆纳米材料制备新途径，从而丰富和拓宽一维碳纳米材料的研究内容。水热法是以水为反应介质，在一定温度(200～300 ℃)下进行的液相反应，与电弧放电法相比其主要优点有：

(1)适用于与水稳定共存的绝大多数物质，如氧化物、含氧化合物、硫化物以及无机陶瓷等的制备，可以生长各种形态的晶体如单晶、薄膜、晶须及纳米晶体等，是一种广普性的方法。

(2)装置简单(仅需水热反应釜及加温装置)、操作简便易行、反应温度及能耗相对较低、反应产率高、产物晶体形貌和尺寸易于控制。

(3)反应无须加入惰性气体保护，多种反应条件如反应温度、反应时间、溶液成分以及前驱物、助剂等均可随意调节以方便地实现对反应过程的控制。

利用水热法研究者们已经获得了多种碳包覆金属纳米结构，如 Li 等以葡萄糖作为碳源，在 160～180 ℃下制备了碳包覆的贵金属（银、金）核/壳（Core/Shell）结构[260-262]；Yu 等以聚乙烯醇或葡萄糖为碳源及还原剂，在 160～200 ℃下实现了 Ag/Cu/Te@C 一维纳米电缆的制备[263-267]；Xu 等以乌洛托品代替葡萄糖，在 140～150 ℃下制备了 Cu@C 纳米电缆结构[268]；Wang 等也报道了水热条件下 Ag@C 纳米电缆的合成[269]。此类纳米电缆是用电弧放电法无法制备的，这彰显了水热法在碳纳米材料制备方面的独到之处。

例如，使用硝酸铜为铜源，在六亚甲基四胺（Hexamethylene tetramine，HMT）及聚乙烯吡咯烷酮（Polyvinyl pyrrolidone，PVP）辅助下，于水热条件下可实现 Cu@C 纳米电缆的制备。图 3.1 是 Cu@C 纳米电缆的透射电子显微镜照片。由图可见：使用水热法制备的纳米电缆长可达数微米，直径 100～200 nm，其中炭包覆层（其形成可能是六亚甲基四胺或其热解产物缩聚的结果，并非真正意义上的无定形炭）的厚度 20～30 nm。与前文中以电弧放电法制备的 Cu@CNT 纳米电缆相类似，在透射电子显微镜照片中 Cu@C 纳米电缆的内芯部分呈现宽度均匀的黑色衬度，包覆在其外的炭层呈现为附着于黑色衬度边缘，厚 20～30 nm的浅色衬度。由透射电子显微镜进行的广泛观察发现：产物中形成的此类结构均为完善的炭包覆结构，没有类似于碳纳米管的空腔结构存在。

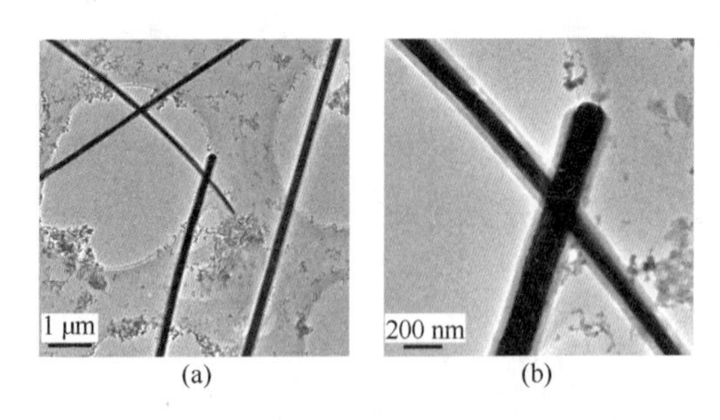

图 3.1　Cu@C 纳米电缆的透射电子显微镜照片

Fig. 3.1　TEM images of Cu@C nanocables

含有 Cu@C 纳米电缆样品的 XRD 谱图见图 3.2。图中 40°～80°衍射角范围内的三个尖锐衍射峰全部来自于铜(Cu,JCPDS 04-0836),分别可归属于面心立方铜相的(111)、(200)及(220)晶面衍射;在 20°～30°衍射角范围内的宽峰则来自于碳相,与来自铜相的尖锐衍射峰相比,来自碳相的衍射峰强度要弱得多且其峰形很宽,这表明包覆在铜纳米线周围的炭层具有无定形结构,这是由于水热法较低的反应温度不足以使碳晶化所导致的。除铜及碳外,产物的 XRD 谱图中没有发现其他杂质物相如氧化铜或氧化亚铜导致的衍射峰存在,这表明产物的主要成分为铜和碳。

图 3.3 是此类 Cu@C 纳米电缆的透射电子显微镜照片及相应的选区电子衍射花样,可见其衍射花样由规则的衍射点阵构成,即包覆在炭层内的铜纳米线是结晶良好的单晶体,对其进行标定的结果表明此铜纳米线的生长方向为[110]方向。与电弧放电法制备的 Cu@CNT 纳米电缆相比, Cu@C 纳米电缆衍射花样中没有

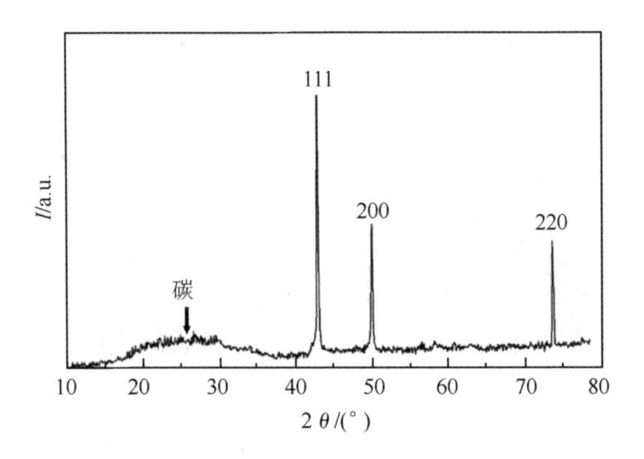

图 3.2　Cu@C 纳米电缆的 XRD 谱图

Fig. 3.2　XRD profile of Cu@C nanocables

来自碳的衍射斑出现，这表明包覆在铜纳米线周围的炭层具有非晶无定形结构。除选区电子衍射分析外，笔者还对此纳米电缆进行了高分辨透射电子显微镜观察，由于包覆在炭层内的铜纳米线直径较大，因而无法得到其高分辨图像，而对炭层进行的高分辨透射电子显微镜分析也表明其是无定形的，这与选区电子衍射及 XRD 分析结果一致。

在 Cu@C 纳米电缆形成过程中，溶液体系的 pH 值对其生长有非常大的影响。图 3.4 是溶液体系初始 pH 值不同时得到产物的 XRD 谱图及相应的透射电子显微镜照片。由 XRD 分析（图 3.4a）可知：当溶液体系的 pH 值为 7 左右时，得到的产物主要为氧化亚铜相及少量的铜相，其透射电子显微镜照片（图 3.4b）显示产物主要为炭包覆的多边形颗粒；而当溶液体系 pH 值上升时 XRD

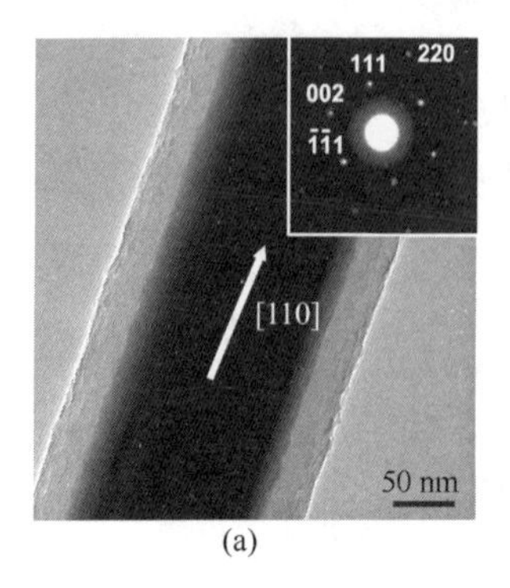

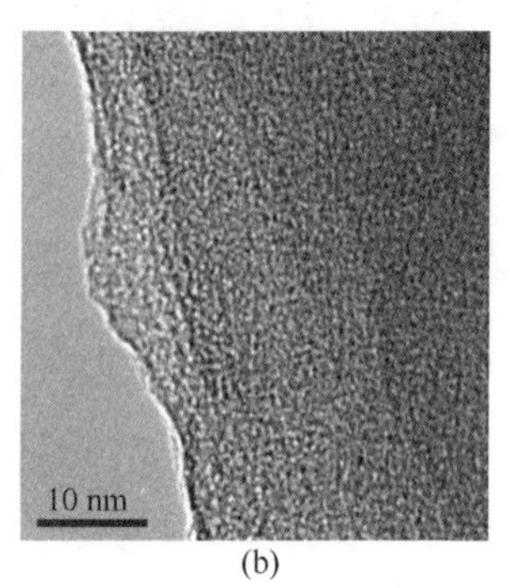

图 3.3　Cu@C 纳米电缆的选区电子衍射花样及高分辨透射电子显微镜照片

Fig. 3.3　SAED pattern and HRTEM images of Cu@C nanocables

分析表明产物中氧化亚铜相逐渐减少，铜相比例逐渐上升；图 3.4(a)中上方谱线是溶液体系初始 pH 值为 9 时得到产物的 XRD 谱图，其相应的透射电子显微镜研究表明产物中炭包覆多边形颗粒已经趋于向一维形态转变；最终当 pH 值升高到 11 以上后，纯铜相就得以形成(图 3.2)并最终导致 Cu@C 的生长(图 3.1)。以上结果表明：适宜的溶液体系 pH 值对铜相的生成至关重要，对 Cu@C 纳米电缆生长而言，适宜的溶液体系 pH 值为 11.3 左右。除 pH 值外，反应温度对 Cu@C 纳米电缆的生长也具有较大的影响。当反应温度在 140 ℃以下时得到的产物大部分是炭包覆纳米颗粒，其中只含有少量的纳米电缆结构，其透射电子显微镜照片如图 3.5 所示。由图可见，此时 Cu@C 纳米电缆直径也为 150～200 nm，与 160 ℃时得到的产物直径相近，但包覆在炭层内的铜纳米线直径要小得多，为 20～40 nm；另外值得注意的是此时得到的 Cu@C 纳米电缆与160 ℃得到的产物相比形态更弯曲，这是由于炭包覆层内的铜纳米线内芯直径太细不足以起到形态支撑作用的缘故。而当反应温度升高到180 ℃时得到的是较大尺寸的无规则炭包覆纳米颗粒，其形态与图 3.4(b)中炭包覆颗粒的形态更相似，这表明在此温度下铜纳米晶体的生长速率已超出聚乙烯吡咯烷酮的动力学控制范围。

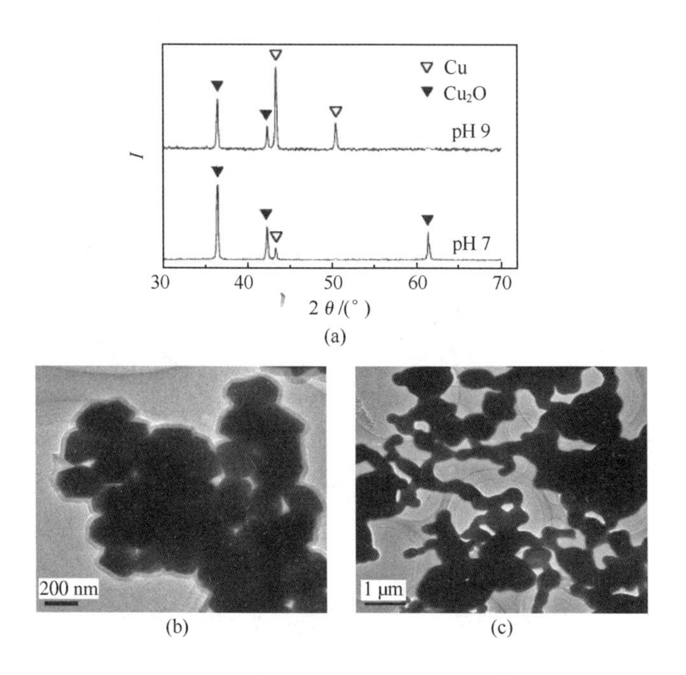

图 3.4　(a)不同 pH 值下得到产物的 XRD 谱图；(b)及(c)分别为 pH 值为 7 和 9 时得到产物的透射电子显微镜照片

Fig. 3.4　(a) XRD profiles of the products obtained at different pH value; (b) and (c) TEM images of the products obtained at pH 7 and pH 9, respectively

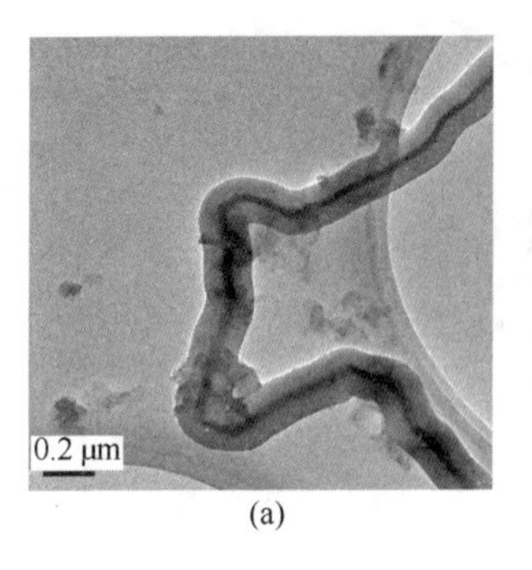

(a)

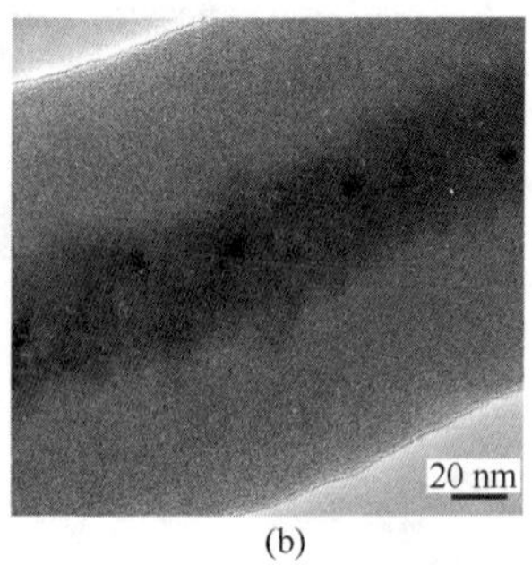

(b)

图 3.5　反应温度为 140 ℃时得到的 Cu@C 纳米电缆的透射电子显微镜照片

Fig. 3.5　TEM images of Cu@C nanocables obtained at 140 ℃

在 Cu@C 纳米电缆形成过程中，高分子表面活性剂聚乙烯吡咯烷酮的存在对其一维生长起到了关键性作用，研究表明：在晶体生长过程中，由于其各晶面能量不同，溶液体系中存在的聚乙烯吡咯烷酮分子可以选择吸附于某些晶面之上使其生长受到抑制，从而强制晶体的生长方式在动力学上由各向同性方式向各向异性方式转变，最终得到一维形态的晶体纳米线[260-262,270-275]。除聚乙烯吡咯烷酮外，一大批表面活性剂均能在一维纳米结构的生长中起到类似的作用，常用的主要有阳离子表面活性剂十六烷基三甲基溴化铵(CTAB)、阴离子表面活性剂十二烷基硫酸钠(SDS)等，基于这些表面活性剂在一维纳米结构生长中所起到的作用，研究者将其命名为“Capping agent”。

对不同聚乙烯吡咯烷酮用量下产物形态的考察表明，产物的最终形貌对于聚乙烯吡咯烷酮的用量非常敏感。当聚乙烯吡咯烷酮与铜离子的物质的量比为1∶125时，铜晶粒的生长基本不受控制，得到的是尺寸达500 nm以上的炭包覆颗粒，如图3.6(a)所示；增加聚乙烯吡咯烷酮与铜离子物质的量比至1∶6时，尽管产物形貌仍以无规则颗粒为主，但纳米电缆结构已开始在产物中出现，如图3.6(b)所示；进一步增加聚乙烯吡咯烷酮与铜离子物质的量比至1∶2.5时，产物中可发现较多的Cu@C纳米电缆，如图3.6(c)所示；而当聚乙烯吡咯烷酮与铜离子物质的量比至1∶1.2以上后，产物基本都是尺寸在100～200 nm的无规则炭包覆颗粒，如图3.6(d)所示，表明此时聚乙烯吡咯烷酮的用量过多，其存在对炭包覆铜纳米结构的生长动力学控制已由各向异性控制为主转变为各向同性控制为主。除使用非离子高分子表面活性剂聚乙烯吡咯烷酮外，笔者还使用等物质的量的阳离子表面活性剂十六烷基三甲基溴化铵及阴离子表面活性剂十二烷基硫酸钠在相同条件下进行了实验，结果发现除类似于图3.6(a)及图3.6(d)中的无规则炭包覆颗粒外并无Cu@C纳米电缆生长，这种差异是由于不同表面活性剂分子在晶体表面吸附能力的差异导致的。对于本研究而言，聚乙烯吡咯烷酮是较为合适生长控制助剂。

在铜纳米线的生长过程中，六亚甲基四胺(HMT)具有双重作用：首先，在水热条件下六亚甲基四胺可以按3.1式分解生成甲醛进而与溶液中的铜离子按3.2式反应，使之在适宜的pH条件下还原生成铜相：

$$C_6H_{12}N_4(HMT)+6H_2O\longrightarrow 6HCHO+4NH_3 \qquad (3.1)$$

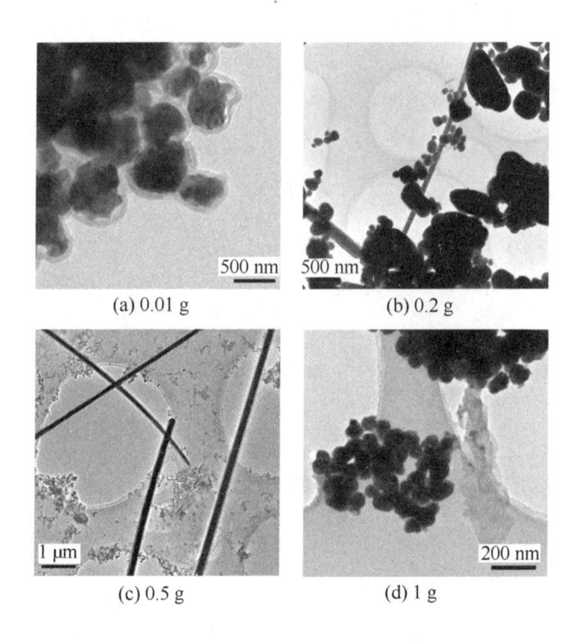

(a) 0.01 g (b) 0.2 g

(c) 0.5 g (d) 1 g

图 3.6　不同聚乙烯吡咯烷酮用量下得到产物的透射电子显微镜照片

Fig. 3.6　TEM images of the products obtained with PVP as capping agent

$$2Cu^{2+} + HCHO + 2H_2O + 6NH_3 \longrightarrow 2Cu + CO_3{}^{2-} + 6NH_4{}^{+} \quad (3.2)$$

其次，六亚甲基四胺缩聚或热解生成的碳相可能为 Cu@C 纳米电缆中炭层的形成提供了碳源(此过程的详细机理目前尚不清楚)[268]。使用葡萄糖代替六亚甲基四胺在相同条件下进行反应时，最终产物为大小均一的炭微球，其扫描电子显微镜照片及透射电子显微镜照片见图 3.7，相应的 EDS 分析表明炭球中没有铜成分存在，即铜相的存在对其生长没有催化作用。综上可知：对于 Cu@C 纳米电缆的制备，六亚甲基四胺是较为合适的还原剂及碳源前驱体，尽管葡萄糖在机理上也可以同时作为还原剂和碳源前驱体，但其在水热条件下发生的剧烈缩聚反应使之不适于 Cu@C 纳米电缆的制备。

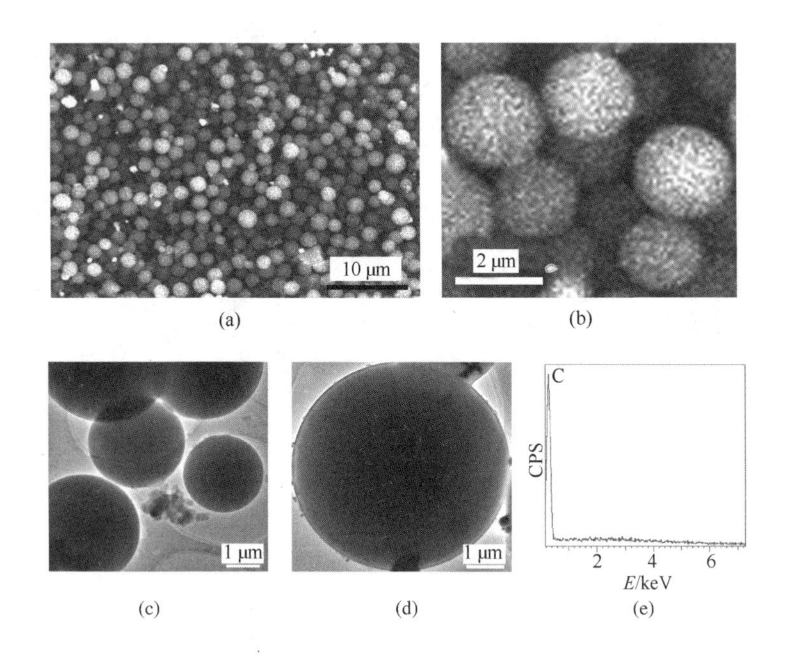

图 3.7 (a、b)葡萄糖缩聚生成的炭微球的扫描电子显微镜照片；(c、d)葡萄糖缩聚生成的炭微球的透射电子显微镜照片；(e)EDS 图谱

Fig. 3.7 (a) and (b) SEM images of carbon microspheres produced from the polycondensation of glucose; (c) and (d) TEM images of carbon microspheres produced from the polycondensation of glucose; (e) EDS spectrum

基于以上讨论，Cu@C 纳米电缆生长的可能机理可推断如下(图 3.8)：在水热条件下六亚甲基四胺首先分解生成甲醛使溶液中的铜离子在适宜的 pH 条件下还原为铜相晶核；随着晶核引发的晶

体生长,溶液体系中的聚乙烯吡咯烷酮分子开始选择性地吸附于铜晶体的某些晶面上使其生长速度远慢于聚乙烯吡咯烷酮分子吸附较少的晶面,从而强制铜晶体按照各向异性方式生长成为一维纳米线结构。在此过程中聚乙烯吡咯烷酮分子吸附较多的晶面生长较慢,形成大面积的自由晶面并吸附溶液体系中由六亚甲基四胺缩聚或热解产生的炭微簇以降低其表面能,最终随着反应时间的延长即可得到连续的Cu@C纳米电缆,这与电弧放电法中以碳纳米管为模板诱导铜纳米线的一维生长过程恰好相反。当聚乙烯吡咯烷酮浓度太大时,其在铜晶体各晶面上过高的吸附密度使晶面能量不同导致的聚乙烯吡咯烷酮分子在不同晶面上的吸附差异可以忽略不计,最终表现为铜晶体以各向同性方式生长形成炭包覆颗粒。在此过程中由于聚乙烯吡咯烷酮在铜晶体表面的大量吸附导致铜晶体各晶面生长速度大大减慢,因而得到的炭包覆铜纳米颗粒尺寸要比聚乙烯吡咯烷酮用量很少时小得多,如图3.6(d)所示。

基于以上机理,以硝酸银代替硝酸铜作为金属来源,在类似条件下(除pH调节外)也可实现Ag@C纳米电缆的制备,结果表明:以六亚甲基四胺为碳源前驱体及还原剂、聚乙烯吡咯烷酮为模板剂,利用水热方法也可以制备出与Cu@C纳米电缆类似结构的Ag@C纳米电缆,其透射电子显微镜照片见图3.9。由图可见:使用水热法制备的Ag@C纳米电缆长约数微米,其直径及外包炭层厚度与Cu@C纳米电缆相比均增加较多,分别为200～300 nm和60～80 nm,这表明在水热条件下,纳米尺度的银相对铜而言具有

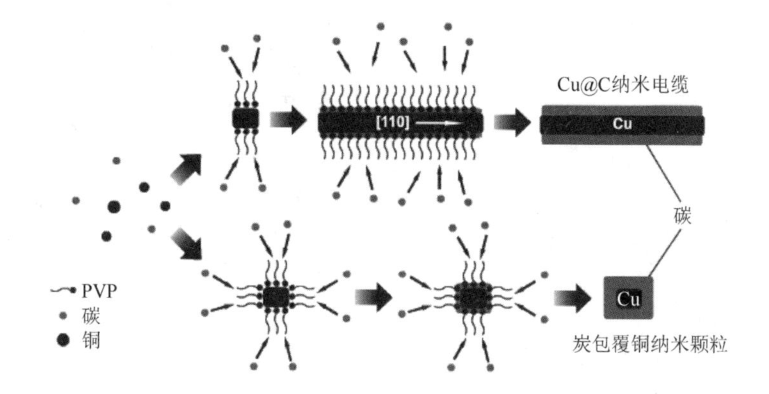

图 3.8 Cu@C 纳米电缆及炭包覆铜纳米颗粒的生长机理示意图

Fig. 3.8 Schematic illustration of the growth process of Cu@C nanocables and carbon encapsu lated Cu nanoparticles

更强的炭化催化能力。将反应体系中的物料浓度降低至原来的十分之一,可以获得直径更细的银纳米线,其透射电子显微镜照片见图 3.10。由于银源及碳源前驱体在溶液体系中浓度的显著降低,此时银纳米线的直径降至 50 nm 左右,其外包炭层厚度也减小至 5～10 nm,与前人研究中得到的 Ag@C 纳米电缆结构非常相似。

当以硫酸亚铁铵代替硝酸铜作为金属来源时,在类似条件下得到具有不规则形状的炭空囊结构,其透射电子显微镜照片见图 3.11。此类炭空囊结构的尺寸为 50～100 nm,壁厚 10～20 nm,其结构上的一个显著特点是其内部均含有一个尺寸 5～10 nm的金属核心。尽管这种炭空囊结构的形成机理目前尚不清楚,但很明显其生长遵循与 Cu@C 纳米电缆截然不同的机制,这清楚地显示出

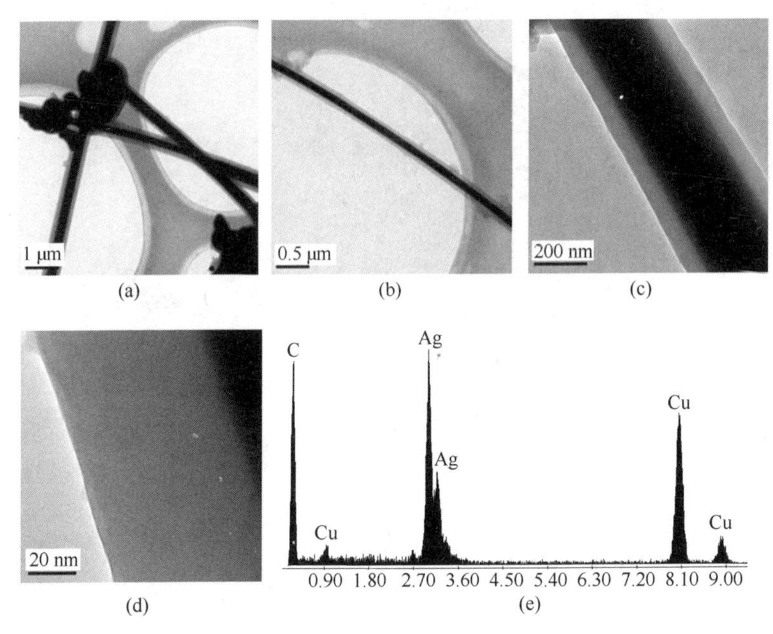

图 3.9 (a)-(c) Ag@C 纳米电缆的透射电子显微镜照片;(d) 炭包覆层的透射电子显微镜照片;(e)EDX 谱图

Fig. 3.9 (a)-(c) TEM images of Ag@C nanocables; (d) TEM image of carbon layer coated on the Ag nanowires; (e) EDX spectrum

被包覆金属自身性质对其炭包覆性能的决定性影响,在电弧放电法制备纳米电缆结构过程中也可以得到类似的结论。

由以上结果可见:尽管反应条件(尤其是反应温度)相差甚远,水热法与电弧放电法均可以达到同样的目标,即一维纳米电缆结构的制备。两种方法的共同优点在于它们均能在一步之内实现铜纳米线及其炭包覆层的原位生长并最终得到长达数微米的纳米电缆结构,因而可将此二者都归入原位方法的范畴。

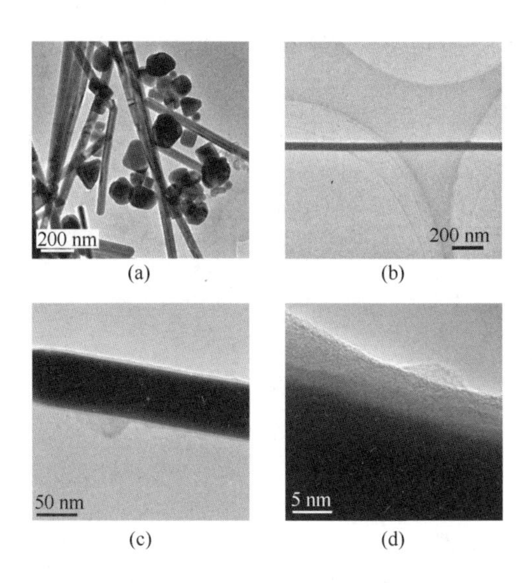

图 3.10 降低体系物料浓度后制备的 Ag@C 纳米电缆透射电子显微镜照片

Fig. 3.10 TEM images of Ag@C nanocables produced with reduced amount of reaction agent

对产物的结构表征表明：两种方法制备的纳米电缆中铜晶体的结晶性均较好，可以形成长程单晶结构，而碳层的结晶程度则随着反应温度的不同相差甚大：电弧放电法产生的高温条件下包覆于铜纳米线之外的是高度石墨化的碳纳米管，而水热条件下仅能在铜纳米线周围包覆无定形炭层，在 800 ℃于氮气保护下热处理 6 h 后这些无定形炭层可以部分石墨化形成类似碳纳米管管壁的结构(图 3.12)。

除此之外，两种方法虽然均可得到纳米电缆结构，但其包覆机

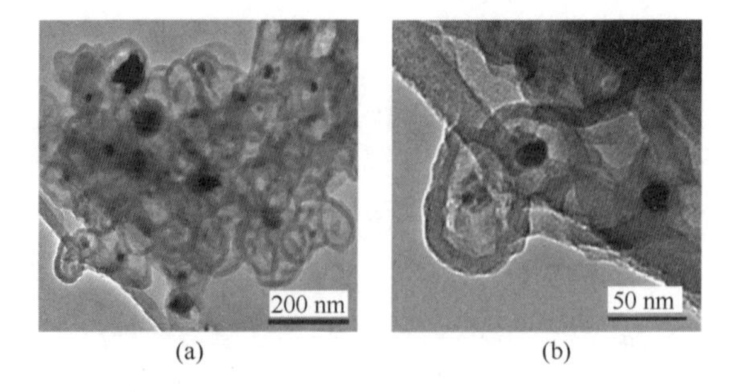

图 3.11　以硫酸亚铁铵为起始原料制备的炭空囊结构透射电子显微镜照片

Fig. 3.11　TEM images of carbon capsule produced using ferrous ammonium sulfate as metal source

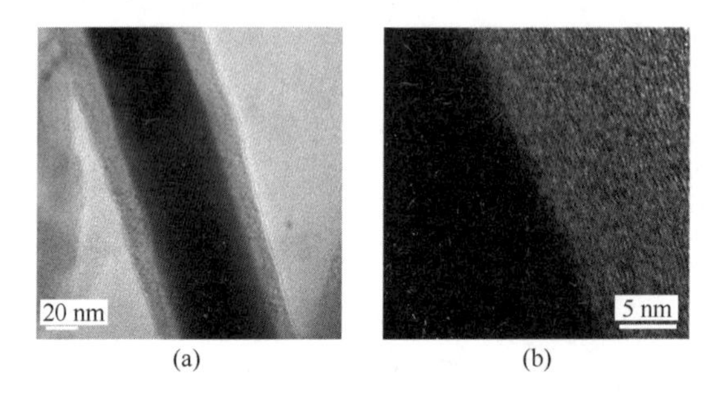

图 3.12　在氮气保护下于 800 ℃热处理 6 h 后 Cu@C 纳米电缆的高分辨电子显微镜照片

Fig. 3.12　HRTEM images of a Cu@C nanocable, which has been sintered at 800 ℃ for 6 h under the protection of nitrogen

理不同。在电弧放电条件下，高温反应体系有利于碳纳米管的生长而不利于铜自气相中的凝聚，因此碳纳米管首先形成并作为形态模板约束铜晶体以一维方式生长，在此过程中金属自身晶体生长性质对其最终形态的影响较小；而在低温水热条件下，较低的体系温度仅利于铜相的形成，而与碳纳米管的形成条件相差甚远，因而在包覆过程中起到形态模板作用的是一维生长的金属铜晶体，碳层的包覆是通过无定形炭在其上的吸附堆积形成的，见表 3.1。

表 3.1 低温水热法与电弧放电法在制备一维碳包覆纳米材料上的比较

Fig. 3.1 Low-temperature hydrothermal strategy vs. arc discharge method for the synthesis of carbon-coated 1D nanomaterials

反应方法	方法类型	反应温度	产物	金属结晶状态	碳层结晶状态	反应类型	包覆机理
电弧放电法	干法	＞3000～5000 ℃	纳米电缆结构	单晶	石墨化	单步原位反应	以碳纳米管为形态模板
低温水热法	湿法	＜200～300 ℃			无定形		以铜纳米线为形态模板

参考文献

[1] Rols S, Almairac R, Henrard L, *et al*. Diffraction by finite-size crystalline bundles of single wall nanotubes[J]. Eur Phys J B, 1999, 10: 263-270.

[2] Heimann R B, Evsyukov S E, Koga Y. Carbon allotropes: A suggested classification scheme based on valence orbital hybridization[J]. Carbon, 1997, 35:1654-1658.

[3] 韦进全,张先锋,王昆林. 碳纳米管宏观体[M]. 北京:清华大学出版社, 2006.

[4] 成会明. 纳米碳管:制备、结构、物性及应用[M]. 北京:化学工业出版社, 2002.

[5] Kroto H W, Heath J R, O'Brien S C, *et al*. C_{60}: Buckminsterfullerene [J]. Nature, 1985, 318:162-163.

[6] Iijima S. Helical microtubules of graphitic carbon[J]. Nature, 1991, 354:56-58.

[7] http://nobelprize.org.

[8] Ebbesen T W, Ajayan P M. Large-scale synthesis of carbon nanotubes [J]. Nature, 1992, 358:220-222.

[9] Iijima S, Ichihashi T. Single-walled carbon nanotubes of l-nm diameter [J]. Nature, 1993, 363:603-605.

[10] Bethune D S, Kiang C H, De Vries M S, *et al*. Cobalt-catalyzed growth of carbon nanotubes with single-atomic-layer walls[J]. Nature, 1993, 363:605-607.

[11] Wildoer J W G, Venema L C, Rinzler A G. Electronic structure of

atomically resolved carbon nanotube[J]. Nature, 1998, 391:59-62.

[12] Dresselhaus M S, Dresselhaus G, Saito R. Carbon fibers based on C_{60} and their symmetry[J]. Phys Rev B, 1992, 45:6234-6242.

[13] Ishigami M, Cumings J, Zettl A, *et al*. A simple method for the continuous production of carbon nanotubes[J]. Chem Phys Lett, 2000, 319:457-459.

[14] Journet C, Master W K, Bernier P, *et al*. Large-scale production of single-walled carbon nanotubes by the electric-arc technique[J]. Nature, 1997, 388:756-758.

[15] Liu C, Cong H T, Li F, *et al*. Semi-continuous synthesis of single-walled carbon nanotubes by a hydrogen arc discharge method[J]. Carbon, 1999, 37:1865-1868.

[16] Liu C, Fan Y Y, Liu M, *et al*. Hydrogen storage in single-walled carbon nanotubes at room temperature [J]. Science, 1999, 286:1127-1129.

[17] Hutchison J L, Kiselev N A, Krinichnaya E P, *et al*. Double-walled carbon nanotubes fabricated by a hydrogen arc discharge method[J]. Carbon, 2001, 39:761-770.

[18] Sugai T, Yoshida H, Shimada T, *et al*. New synthesis of high-quality double-walled carbon nanotubes by high-temperature pulsed arc discharge[J]. Nano Lett, 2003, 3:769-773.

[19] Huang H J, Kajiura H, Tsutsui S, *et al*. High-quality double-walled carbon nanotube super bundles grown in a hydrogen-free atmosphere [J]. J Phys Chem B, 2003, 107:8794-8798.

[20] Pang L S K, Prochazka L, Quezada R A, *et al*. Competitive reactions during plasma arcing of carbonaceous materials[J]. Energy & Fuels,

1995, 9:704-706.

[21] Pang L S K, Wilson M A, Taylor G H, *et al*. Formation of unusual graphitic structures during fullerene production[J]. Carbon, 1992, 30:1130-1131.

[22] Patney H K, Nordlund C, Moy A, *et al*. Fullerenes and nanotubes from coal[J]. Fullerene Sci & Tech, 1999, 7:941-971.

[23] Wilson M A, Taylor G H, Kalman J. New development of carbon nanotubes from coal[J]. Fuel, 2002, 81:5-14.

[24] 邱介山,韩红梅,周颖,等. 由两种烟煤制备碳纳米管的探索性研究[J]. 新型碳材料,2001,16:1-6.

[25] Qiu J S, Zhang F, Han H M, *et al*. Carbon nanomaterials from eleven caking coals[J]. Fuel, 2002, 81:1509-1514.

[26] Li Y F, Qiu J S, Zhao Z B, *et al*. Bamboo-shaped carbon tubes from coal[J]. Chem Phys Lett, 2002, 366:544-550.

[27] Qiu J S, Li Y F, Wang Y P, *et al*. High-purity single-walled carbon nanotubes synthesized from coal by arc discharge[J]. Carbon, 2003, 41:2170-2173.

[28] Qiu J S, Li Y F, Wang Y P, *et al*. Production of carbon nanotubes from coal[J]. Fuel Process Tech, 2004, 85:1663-1670.

[29] Wang Z Y, Zhao Z B, Qiu J S. Synthesis of branched carbon nanotubes from coal[J]. Carbon, 2006, 44:1321-1324.

[30] Wang Z Y, Zhao Z B, Qiu J S, *et al*. Synthesis of double-walled carbon nanotubes from coal in hydrogen-free atmosphere[J]. Fuel, 2007, 86:282-286.

[31] 田亚峻,谢克昌,樊友三. 用煤合成碳纳米管的新方法[J]. 高等学校化学学报,2001,22:1456-1458.

[32] Tian Y J, Zhang Y L, Wang B J, *et al*. Coal-derived carbon nanotubes by thermal plasma jet[J]. Carbon, 2004, 42:2597-2601.

[33] Saito Y, Tani Y, Miyagawa N, *et al*. High yield of single-wall carbon nanotubes by arc discharge using Rh - Pt mixed catalysts[J]. Chem Phys Lett, 1998,294:593-598.

[34] Guo T, Nikolaev P, Thess A, *et al*. Catalytic growth of single-walled nanotubes by laser vaporization[J]. Chem Phys Lett, 1995, 243: 49-54.

[35] Thess A, Lee R, Nikolaev P, *et al*. Crystalline ropes of metallic carbon nanotubes[J]. Science, 1996, 273:483-487.

[36] Yudasaka M, Komatsu T, Ichihashi T, *et al*. Single-wall carbon nanotube formation by laser ablation using double-targets of carbon and metal[J]. Chem Phys Lett, 1997,278:102-106.

[37] Wang Y, Wei F, Luo G H, *et al*. The large-scale production of carbon nanotubes in a nanoagglomerate fluidized-bed reactor[J]. Chem Phys Lett, 2002,364:568-572.

[38] Yacaman M J, Yoshida M M, Rendon L. Catalytic growth of carbon microtubes with fullerenes structure[J]. Appl Phys Lett, 1993,62: 657-659.

[39] Kong J, Cassell A M, Dai H J. Chemcial vapor deposition of methane for single-walled carbon nanotubes[J]. Chem Phys Lett, 1998,292: 567-574.

[40] Cheng H M, Li F, Su G, *et al*. Large-scale and low-cost synthesis of single-walled carbon nanotubes by the catalytic pyrolysis of hydrocarbons[J]. Appl Phys Lett, 1998, 72:3282-3284.

[41] Cheng H M, Li F, Sun X. Bulk morphology and diameter distribution

of single-walled carbon nanotubes synthesized by catalytic decomposition of hydrocarbons[J]. Chem Phys Lett, 1998, 289:602-610.

[42] Nikolaev P, Bronikowski M J, Bradley R K, *et al*. Gas-phase catalytic growth of single-walled carbon nanotubes from carbon monoxide[J]. Chem Phys Lett, 1999, 313:91-97.

[43] Hata K, Futaba D N, Mizuno K, *et al*. Water-assisted highly efficient synthesis of impurity-free single-walled carbon nanotubes[J]. Science, 2004, 306:1362-1364.

[44] Ren W C, Li F, Chen J, *et al*. Morphology, diameter distribution and Raman scattering measurements of double-walled carbon nanotubes synthesized by catalytic decomposition of methane[J]. Chem Phys Lett, 2002, 359:196-202.

[45] Flahaut E, Bacsa R, Peigney A, *et al*. Gram-scale CCVD synthesis of double-walled carbon nanotubes [J]. Chem Commun, 2003, 1442-1443.

[46] http://ipn2. epfl. ch/CHBU (homepage of the CNT group at IPN)

[47] Kuwana K, Endo H, Saito K, *et al*. Catalyst deactivation in CVD synthesis of carbon nanotubes[J]. Carbon, 2005, 43:253-260.

[48] Liu B C, Lyu S C, Jung S I, *et al*. Single-walled carbon nanotubes produced by catalytic chemical vapor deposition of acetylene over Fe-Mo/MgO catalyst[J]. Chem Phys Lett, 2004, 383:104-108.

[49] Li W Z, Wen J G, Sennett M, *et al*. Clean double-walled carbon nanotubes synthesized by CVD[J]. Chem Phys Lett, 2003, 368:299-306.

[50] Fan S S, Chapline M G, Franklin N R. Self-oriented regular arrays of carbon nanotubes and their emission properties[J]. Science, 1999, 283:512-514.

[51] Pan Z W, Xie S S, Lu L, *et al*. Tensile tests of ropes of very long aligned multiwall carbon nanotubes[J]. Appl Phys Lett, 1999, 74: 3152-3154.

[52] Wei B Q, Vajtai R, Jung Y, *et al*. Organized assembly of carbon nanotubes[J]. Nature, 2002, 416:495-495.

[53] Wei B Q, Vajtai R, Jung Y, *et al*. Assembly of highly organized carbon nanotube architectures by chemical vapor deposition[J]. Chem Mater, 2003, 15:1598-1606.

[54] Li X S, Cao A Y, Jung Y J, *et al*. Bottom-up growth of carbon nanotube multilayers: unprecedented growth[J]. Nano Lett, 2005, 5: 1997-2000.

[55] Cao A Y, Veedu V P, Li X S, *et al*. Multifunctional brushes made from carbon nanotubes[J]. Nature Mater, 2005, 4:540-545.

[56] Srivastava A, Srivastava O N, Talapatra S, *et al*. Carbon nanotube filters[J]. Nature Mater, 2004, 3:610-614.

[57] Wang X K, Lin X W, Mesleh M, *et al*. The effect of hydrogen on the formation of carbon nanotubes and fullerenes[J]. J Mater Res, 1995, 10:1977-1983.

[58] Ando Y, Zhao X, Kataura H. Multiwalled carbon nanotubes prepared by hydrogen arc[J]. Diamond Relate Mater, 1999, 9:847-852.

[59] Tang D S, Xie S S, Liu W, *et al*. Evidence for an open-ended nanotubes growth model in arc discharge[J]. Carbon, 2000, 38:475-480.

[60] Ajayan P M, Nugent J M, Siegel R W, *et al*. Growth of carbon microtrees[J]. Nature, 2000, 404:243-243.

[61] Takikawa H, Ikeda M, Hirahara K, *et al*. Fabrication of single-walled carbon nanotubes and nanoborns by means of a torch arc in open air

[J]. Physica B, 2002, 323:277-299.

[62] Sano N, Naito M, Chhowalla M, *et al*. Pressure effects on nanotubes formation using the submerged arc in water method[J]. Chem Phys Lett, 2003, 378:29-34.

[63] Ishigami M, Cumings J, Zettl A. A simple method for the continuous production of carbon nanotubes[J]. Chem Phys Lett, 2000, 319: 457-459.

[64] Hsu W K, Hare J P, Terrones M, *et al*. Condensed-phase nanotubes. Nature, 1995, 377:687-687.

[65] Hsu W K, Terrones M, Terrones H, *et al*. Electrochemical formation of novel nanowires and their dynamic effects[J]. Chem Phys Lett, 1998, 284:177-183.

[66] Hsu W K, Li J, Terrones H, *et al*. Electrochemical production of low-melting metal nanowires[J]. Chem Phys Lett, 1999, 301:159-166.

[67] Hutchison J L, Kiselev N A, Krinichnaya E P, *et al*. Double-walled carbon nanotubes fabricated by a hydrogen arc discharge method[J]. Carbon, 2001, 39: 761-770.

[68] Liu C, Cong H T, Li F, *et al*. Semi-continuous synthesis of single-walled carbon nanotubes by a hydrogen arc discharge method[J]. Carbon, 1999, 37:1865-1868.

[69] Huang H J, Kajiura H, Tsutsui S, *et al*. High-quality double-walled carbon nanotube super bundles grown in a hydrogen-free atmosphere [J]. J Phys Chem B, 2003, 107:8794-8798.

[70] Wang Z Y, Zhao Z B, Qiu J S. Carbon Nanotube templated synthesis of CeF_3 nanowires. Chem Mater, 2007,19,3364-3366.

[71] Pang L S K, Prochazka L, Quezada R A, *et al*. Isotope effects in plas-

ma arcing experiments with various carbon anodes[J]. Energy Fuel, 1995, 9:704-706.

[72] Pang L S K, Wilson M A, Taylor G H, *et al*. Formation of unusual graphitic structures during fullerene production[J]. Carbon, 1992, 30:1130-1131.

[73] Patney H K, Nordlund C, Moy A, *et al*. Fullerenes and nanotubes from coal[J]. Fullerene Sci Tech, 1999,7:941-971.

[74] Wang Z Y, Zhao Z B, Qiu J S. Synthesis of branched carbon nanotubes from coal[J]. Carbon, 2006,44:1321-1324.

[75] Qiu J S, Zhang F, Han H M, *et al*. Carbon nanomaterials from eleven caking coals[J]. Fuel, 2002,81:1509-1514.

[76] Li Y F, Qiu J S, Zhao Z B, *et al*. Bamboo-shaped carbon tubes from coal[J]. Chem Phys Lett, 2002,366:544-550.

[77] Williams K A, Tachibana M, Allen J L, *et al*. Single-wall carbon nanotubes from coal[J]. Chem Phys Lett, 1999,310:31-37.

[78] Qiu J S, Li Y F, Wang Y P, *et al*. Production of carbon nanotubes from coal[J]. Fuel Process Tech, 2004,85:1663-1670.

[79] Zhao Z B, Qiu J S, Wang T H, *et al*. Fabrication of single-walled carbon nanotube ropes from coal by an arc discharge method[J]. New Carbon Mater,2006,21:19-23.

[80] Wang Z Y, Zhao Z B, Qiu J S, *et al*. Synthesis of double-walled carbon nanotubes from coal in hydrogen-free atmosphere[J]. Fuel, 2007, 86:282-286.

[81] Tian Y J, Zhang Y L, Wang B J, *et al*. Coal-derived carbon nanotubes by thermal plasma jet[J]. Carbon, 2004, 42:2597-2601.

[82] Journet C, Master W K, Bernier P, *et al*. Large-scale production of

single-walled carbon nanotubes by the electric-arc technique[J]. Nature, 1997,388:756-758.

[83] Ebbesen T W, Ajayan P M. Large-scale synthesis of carbon nanotubes [J]. Nature, 1992,358:220-222.

[84] Yacaman M J, Yoshida M M, Rendon L. Catalytic growth of carbon microtubes with fullerenes structure[J]. Appl Phys Lett, 1993,62:657-659.

[85] Ivanov V, Nagy J B, Lambin P, *et al*. Catalytic production and purification of nanotubules having fullerene-scale diameters[J]. Chem Phys Lett, 1994,223: 329-335.

[86] Ong T P, Xiong F, Chang R P H, *et al*. Nucleation and growth of diamond on carbon-implanted single crystal copper surfaces[J]. J Mater Res, 1992,7:2429-2439.

[87] Qiu J S, Han Hongmei, Zhou Yin, *et al*. Carbon nanotubes from two bituminous coals[J]. New Carbon Mater, 2001,16:1-5.

[88] Wilson M A, Patney H K, Kalman J. New developments in the formation of nanotubes from coal[J]. Fuel, 2002, 81:5-14.

[89] Geldard L, Keegan J T, Young B R, *et al*. Pathways of polycyclic hydrocarbon formation during plasma arcing of carbonaceous materials [J]. Fuel, 1998, 77:15-18.

[90] Yu J L, Lucas J, Strezov V, *et al*. Coal and carbon nanotube production[J]. Fuel, 2003, 82:2025-2032.

[91] Pang L S K, Prochazka L, Quezada R A, *et al*. Competitive reactions during plasma arcing of carbonaceous materials[J]. Energy Fuel, 1995, 9:38-44.

[92] Derbyshire F, Marzec A, Schulten H R, *et al*. Molecular structure of

coals: a debate[J]. Fuel, 1989, 68:1091-1106.

[93] Xie K C. Coal structure and its reactivity[M]. Beijing: Science Pr., 2002.

[94] Qiu J S, Zhou Y, Yang Z G, *et al*. Preparation of fullerenes using carbon rods manufactured from Chinese hard coals. Fuel, 2000, 79:1303-1308.

[95] Oya A, Otani S. Catalytic graphitization of carbons by various metals [J]. Carbon, 1979, 17:131-137.

[96] LaCava A I, Bernardo C A, Trimm D L. Studies of deactivation of metals by carbon deposition. Carbon, 1983, 20:219-223.

[97] Scuseria G E. Negative curvature and hyperfullerenes[J]. Chem Phys Lett, 1992, 195:534-536.

[98] Chernazatonskii L A. Carbon nanotube connectors and planar jungle gyms[J]. Phys Lett A, 1992, 172:173-176.

[99] Satishkumar B C, Thomas P J, Govindaraj A, *et al*. Y-junction carbon nanotubes[J]. Appl Phys Lett, 2000, 77:2530-2532.

[100] Papadopoulos C, Rakitin A, Li J, *et al*. Electronic transport in Y-junction carbon nanotubes[J]. Phys Rev Lett, 2000, 85:3476-3479.

[101] Papadopoulos C, Yin A J, Xu J M. Temperature-dependent studies of Y-junction carbon nanotube electronic transport[J]. Appl Phys Lett, 2004, 85:1769-1771.

[102] Cummings A, Osman M, Srivastava D, *et al*. Thermal conductivity of Y-junction carbon nanotubes[J]. Phys Rev B, 2004, 70: 115405-115410.

[103] Wu H L, Qiu J S, Hao C, *et al*. Molecular dynamics study of hydrogen adsorption in Y-junction carbon nanotubes[J]. J Mol Struct

(Theochem), 2004, 684:75-80.

[104] Li W Z, Pandey B, Liu Y Q. Growth and structure of carbon nanotube Y-Junctions[J]. J Phys Chem B, 2006, 110:23694-23700.

[105] Chernozatonskii L. Three-terminal junctions of carbon nanotubes: synthesis, structures, properties and applications[M]. J Nanopart Res, 2003, 5:473-484.

[106] Bandaru P R, Daraio C, Jin S, *et al*. Novel electrical switching behaviour and logic in carbon nanotube Y-junctions[J]. Nature, 2005, 4:663-666.

[107] Chico L, Crespi V H, Benedict L X, *et al*. Pure Carbon Nanoscale Devices: Nanotube Heterojunctions[J]. Phys Rev Lett, 1996, 76: 971-974.

[108] Meunier V, Henrard L, Lambin P H. Energetics of bent carbon nanotubes[J]. Phys Rev B, 1998, 57:2586-2591.

[109] Lambin P, Fonseca A, Vigneron J P, *et al*. Structural and electronic properties of bent carbon nanotubes. Chem Phys Lett, 1995, 245:85-89.

[110] Li J, Papadopoulos C, Xu J. Nanoelectronics: growing Y-junction carbon nanotubes[J]. Nature, 1999, 402:253-4.

[111] Zhou D, Seraphin S. Complex branching phenomena in the growth of carbon nanotubes[J]. Chem Phys Lett, 1995, 238:286-289.

[112] Osvath Z, Koos A A, Horvath Z E, *et al*. Arc-grown Y-branched carbon nanotubes observed by scanning tunneling microscopy (STM [J]). Chem Phys Lett, 2002, 365:338-342.

[113] Gan B, Ahn J, Zhang Q, *et al*. Y-junction carbon nanotubes grown by in situ evaporated copper catalyst[J]. Chem Phys Lett, 2001,

333:23-28.

[114] Deepak F L, Govindaraj A, Rao C N R. Synthetic strategies for Y-junction carbon nanotubes[J]. Chem Phys Lett, 2001, 345:5-10.

[115] Heyning O T, Bernier P, Glerup M. A low cost method for the direct synthesis of highly Y-branched nanotubes[J]. Chem Phys Lett, 2005, 409:43-47.

[116] Tao X Y, Zhang X B, Cheng J P, *et al*. Synthesis of novel multi-branched carbon nanotubes with alkali-element modified Cu/MgO catalyst[J]. Chem Phys Lett, 2005, 409:89-92.

[117] Zhu H W, Ci L J, Xu C L, *et al*. Growth mechanism of Y-junction carbon nanotubes[J]. Diamond Relat Mater, 2002, 11:1349-1352.

[118] Gan, B, Ahn J, Zhang Q, *et al*. Branching carbon nanotubes deposited in HFCVD system[J]. Diamond Relat Mater, 2000, 9:897-900.

[119] Qin, Y, Zhang Q, Cui Z L. Effect of synthesis method of nanocopper catalysts on the morphologies of carbon nanofibers prepared by catalytic decomposition of acetylene[J]. J Catal, 2004, 223:389-394.

[120] Lyu S C, Lee T J, Yang C W, *et al*. Synthesis and characterization of high-quality double-walled carbon nanotubes by catalytic decomposition of alcohol[J]. Chem Commun, 2003, 1404-1405.

[121] Lyu S C, Liu C B, Lee J C, *et al*. High-quality double-walled carbon nanotubes produced by catalytic decomposition of benzene[J]. Chem Mater, 2003, 15:3951-3954.

[122] Sugai T, Yoshida H, Shimada T, *et al*. New Synthesis of high-quality double-walled carbon nanotubes by high-temperature pulsed arc discharge[J]. Nano Lett, 2003, 3:769-773.

[123] Bandow S, Takizawa M, Hirahara K, *et al*. Raman scattering study

of double-wall carbon nanotubes derived from the chains of fullerenes in single-wall carbon nanotubes[J]. Chem Phys Lett, 2001, 337: 48-54.

[124] Saito Y, Nakahira T, Uemura S. Growth conditions of double-walled carbon nanotubes in arc discharge[J]. J Phys Chem B, 2003, 107: 931-934.

[125] Li L X, Li F, Liu C, *et al*. Synthesis and characterization of double-walled carbon nanotubes from multi-walled carbon nanotubes by hydrogen-arc discharge. Carbon, 2005[J], 43:623-629.

[126] Wei J Q, Jiang B, Wu D H, *et al*. Large-scale synthesis of long double-walled carbon nanotubes[J]. J Phys Chem B, 2004, 108: 8844-8847.

[127] Endo M, Muramastu H, Hayashi T, *et al*. 'Buckypaper' from coaxial nanotubes[J]. Nature, 2005, 433:476-476.

[128] Qiu J S, Li Y F, Wang Y P, *et al*. High-purity single-walled carbon nanotubes synthesized from coal by arc discharge[J]. Carbon, 2003, 41:2170-2173.

[129] Kiang C H, Endo M, Ajayan P M, *et al*. Size effects in carbon nanotubes[J]. Phys Rev Lett, 1998, 81:1869-1872.

[130] Hertel T, Walkup R E, Avouris P. Deformation of carbon nanotubes by surface van der waals forces[J]. Phys Rev B, 1998, 58: 13870-13873.

[131] Kasuya A, Sakaki Y, Saito Y, *et al*. Evidence for size-dependent discrete dispersions in single-wall nanotubes[J]. Phys Rev Lett, 1997, 78:4434-4437.

[132] Wilson M A, Moy A, Rose H, *et al*. Fullerene blacks and cathode

deposits derived from plasma arcing of graphite with naphthalene[J]. Fuel, 2000, 79:47-56.

[133] Lauerhaas J M, Dai J Y, Setlur A A, *et al*. The effect of arc parameters on the growth of carbon nanotube[J]s. J Mater Res, 1997,12: 1536-1544.

[134] Lai H J, Lin M C, Yang M H, *et al*. Synthesis of carbon nanotubes using polycyclic aromatic hydrocarbons as carbon sources in an arc discharge[J]. Mater Sci Engin C, 2001, 16:23-26.

[135] Tibbetts G G, Bernardo C A, Gorkiewicz D W, *et al*. Role of sulfur in the production of carbon fibers in the vapor phase[J]. Carbon, 1994, 32:569-576.

[136] Kim M S, Rodriguez N M, Baker P T K. The interplay between sulfur adsorption and carbon deposition on cobalt catalysts. J Catal[J], 1993, 143:449-463.

[137] 韦进全. 双壁碳纳米管的合成及其电学与光学性能的研究[D]. 北京: 清华大学, 2004.

[138] Kiang C H, Goddart III W A, Beyer R, *et al*. Catalytic synthesis of single-layer carbon nanotubes with a wide range of diameters[J]. J Phys Chem B, 1994, 98:6612-6618.

[139] Ajayan P M, Iijima S. Capillarity induced filling of carbon nanotubes [J]. Nature, 1993, 361:333-335.

[140] Harris P J F. Carbon Nanotubes and Related Structures[M]. Cambridge, UK: Cambridge University Pr., 1999.

[141] Pederson M R, Broughton J Q. Nanocapillarity in fullerene tubules [J]. Phys Rev Lett, 1992, 69:2689-2692.

[142] Guerret-Plecourt C, Le Bouar Y, Loiseau A, *et al*. Relation between

metal electronic structure and morphology of metal-compounds inside carbon nanotubes[J]. Nature, 1994,372:761-765.

[143] Ruoff R S, Lorents D C, Chan B C, *et al*. Single-crystal metals encapsulated in carbon nanoparticles. Science, 1993, 259:346-348.

[144] Seraphin S, Zhou D, Jiao J, *et al*. Yttrium carbide in nanotubes[J]. Nature, 1993,362:503-503.

[145] Seraphin S, Zhou D, Jiao J, *et al*. Selective encapsulation of the carbides of yttrium and titanium into carbon nanoclusters[J]. Appl Phys Lett, 1993, 63:2073-2075.

[146] Loiseau A, Pascard H. Synthesis of long carbon nanotubes filled with Se, S, Sb and Ge by the arc method[J]. Chem Phys Lett, 1996, 256:246-252.

[147] Dai J Y, Lauerhaas J M, Setlur A A, *et al*. Synthesis of carbon-encapsulated nanowires using polycyclic aromatic hydrocarbon precursors[J]. Chem Phys Lett, 1996, 258:547-553.

[148] Setlur A A, Lauerhaas J M, Dai J Y, *et al*. A method for synthesizing large quantities of carbon nanotubes and encapsulated copper nanowires[J]. Appl Phys Lett, 1996, 69:345-347.

[149] Setlur A A, Dai J Y, Lauerhaas J M, *et al*. Formation of filled carbon nanotubes and nanoparticles using polycyclic aromatic hydrocarbon molecules[J]. Carbon, 1998, 36:721-723.

[150] Wang Z Y, Zhao Z B, Qiu J S. In situ synthesis of super-long Cu nanowires inside carbon nanotubes with coal as carbon source[J]. Carbon, 2006, 44:1845-1847.

[151] Ajayan P M, Ebbesen T W, Ichihashi T, *et al*. Opening carbon nanotubes with oxygen and implication for filling[J]. Nature, 1993, 362:

522-525.

[152] Harris P J F, Tang S C. A simple technique for the synthesis of filled carbon nanoparticles[J]. Chem Phys Lett, 1998, 293:53-58.

[153] Dujardin E, Ebbesen T W, Hiura H, *et al*. Capillarity and Wetting of carbon nanotubes[J]. Science, 1994, 265:1850-1852.

[154] Ajayan P M, Stephan O, Redlich Ph, *et al*. Carbon nanotubes as removable templates for metal oxide nanocomposites and nanostructures [J]. Nature, 1995, 375:564-567.

[155] Ugarte D, Chatelain A, de Heer W A. Nanocapillarity and chemistry in carbon nanotube[J]s. Science, 1996, 274:1897-1899.

[156] Tsang S C, Chen Y K, Harris P J F, *et al*. A simple chemical method of opening and filling carbon nanotubes[J]. Nature, 1994, 372: 159-162.

[157] Lago R M, Tsang S C, Lu K L, *et al*. Filling carbon nanotubes with small palladium metal crystallites-the effect of surface acid groups[J]. Chem Commun, 1995, 1355-1356.

[158] Tsang S C, Davis J J, Green M L H, *et al*. Immobilization of small proteins on carbon nanotubes: HRTEM study and catalytic activity [J]. Chem Commun, 1995, 1803-1804.

[159] Mayne M, Grobert N, Terrones M, *et al*. Pyrolytic of aligned carbon nanotubes from homogeneously dispersed benzene-based aerosols[J]. Chem Phys Lett, 2001, 338:101-107.

[160] Grobert N, Terrones M, Osborne A J, *et al*. Thermolysis of C_{60} thin film yields Ni-filled tapered nanotubes[J]. Appl Phys A, 1998, 67: 595-598.

[161] Terrones M, Grobert N, Zhang J P, *et al*. Preparation of aligned car-

bon nanotubes catalysed by laser-etched cobalt thin films[J]. Chem Phys Lett, 1998, 285:299-305.

[162] Cheng J P, Zhang X B, Liu F, *et al*. Synthesis of carbon nanotubes filled with Fe_3C nanowires by CVD with titanate modified palygorskite as catalyst[J]. Carbon, 2003, 41:1965-1970.

[163] Guan L H, Shi Z J, Li H J, *et al*. Super-long continuous Ni nanowires encapsulated in carbon nanotubes[J]. Chem Commun, 2004, 1988-1989.

[164] Hu J P, Bando Y, Zhan J H, *et al*. Carbon nanotubes as nanoreactors for fabrication of single-crystalline Mg_3N_2 nanowires[J]. Nano Lett, 2006, 6:1136-1140.

[165] Jankovic L, Gournis D, Trikalitis P N, *et al*. Carbon nanotubes encapsulating superconducting single-crystalline Tin nanowires [J]. Nano Lett, 2006, 6:1131-1135.

[166] Chancolon J, Archaimbault F, Pineau A, *et al*. Filling of multiwalled carbon nanotubes with oxides and metals[C]. In: Carbon' 2003, Oviedo, Spain, July 6-10, 2003.

[167] Liang C H, Meng G W, Zhang L D, *et al*. Carbon nanotubes filled partially or completely with nickel[J]. J Cryst Growth, 2000, 218: 136-139.

[168] Chen Y K, Chu A, Cook J, Green M L H, *et al*. Synthesis of carbon nanotubes containing metal oxides and metals of the d-block and f-block transition metal and related studies[J]. J Mater Chem, 1997, 7:545-549.

[169] Zhang G Y, Wang E G. Cu-filled carbon nanotubes by simultaneous plasma-assisted copper incorporation [J]. Appl Phys Lett, 82: 1926-1928.

[170] Chu A, Cook J, Heesom R J R, *et al*. Filling of carbon nanotubes with silver, gold and gold chloride[J]. Chem Mater, 1996, 8: 2751-2754.

[171] Ajayan P M, Colliex C, Lambert J M, *et al*. Growth of manganese filled carbon nanofibers in the vapor phase[J]. Phys Rev Lett, 1994, 72:1722-1725.

[172] Subramoney S, Ruoff R S, Lorents D C, *et al*. Magnetic separation of GdC_2 encapsulated in nanoparticles [J]. Carbon, 1994, 32: 507-513.

[173] Sloan J, Hammer J, Zwiefka-Sibley M, *et al*. The opening and filling of single walled carbon nanotubes (SWNTs) [J]. Chem Commun, 1998, 347-348.

[174] Sloan J, Wright D M, Woo H G, *et al*. Capillarity and silver nanowire formation observed in single walled carbon nanotubes[J]. Chem Commun, 1999, 699-700.

[175] Meyer R R, Sloan J, Dunin-Borkowski R E, *et al*. Discrete atom imaging of one dimensional crystals formed within single-walled carbon nanotubes[J]. Science, 2000, 289:1324-1326.

[176] Sloan J, Novotny M C, Bailey S R, *et al*. Two layer 4:4 co-ordinated KI crystals grown within single walled carbon nanotubes[J]. Chem Phys Lett, 2000, 329:61-65.

[177] Brown G, Bailey S, Sloan J, *et al*. Electron beam induced in situ clusterisation of 1D $ZrCl_4$ chains within single-walled carbon nanotubes [J]. Chem Commun, 2001, 845-846.

[178] Sloan J, Kirkland A I, Hutchison J L, *et al*. Integral atomic layer architectures of 1D crystals inserted into single walled carbon nanotubes

[J]. Chem Commun, 2002, 1319-1332.

[179] Xu C, Sloan J, Brown G, *et al*. 1D lanthanide halide crystals inserted into single-walled carbon nanotubes[J]. Chem Commun, 2000, 2427-2428.

[180] Mittal J, Monthioux M, Allouche H, *et al*. Room temperature filling of single-wall carbon nanotubes with chromium oxide in open air[J]. Chem Phys Lett, 2001, 339:311-318.

[181] Friedrichs S, Meyer R R, Sloan J, *et al*. Complete characterisation of a Sb_2O_3/(21, 8) SWNT inclusion composite[J]. Chem Commun, 2001, 929-930.

[182] Friedrichs S, Sloan J, Hutchison J L, *et al*. Simultaneous determination of inclusion crystallography and nanotube conformation for a Sb_2O_3/single-walled nanotube composite[J]. Phys Rev B, 2001, 64: 045406/1-8.

[183] Li Y F, Hatakeyama R, Okada T, *et al*. Synthesis of Cs-filled double-walled carbon nanotubes by a plasma process[J]. Carbon, 2006, 44:1586-1589.

[184] Qiu H X, Shi Z J, Gu Z N, *et al*. Controllable preparation of triple-walled carbon nanotubes and their growth mechanism[J]. Chem Commun, 2007, 1092-1094.

[185] Smith B W, Monthioux M, Luzzi D E. Encapsulated C60 in carbon nanotubes[J]. Nature, 1998,396:323-324.

[186] Burteaux B, Claye A, Smith B W, *et al*. Abundance of encapsulated C_{60} in single-wall carbon nanotubes[J]. Chem Phys Lett, 1999,310: 21-24.

[187] Smith B W, Monthioux M, Luzzi D E. Carbon nanotube encapsulated

fullerenes: a unique class of hybrid materials[J]. Chem Phys Lett, 1999,315:31-36.

[188] Monthioux M, Smith B W, Burteaux B, *et al*. Sensitivity of single-wall carbon nanotubes to chemical processing: an electron microscopy investigation[J]. Carbon, 2001,39:1251-1272.

[189] Hirahara K, Suenaga K, Bandow S, *et al*. One-dimensional metallofullerene crystal generated inside single-walled carbon nanotubes[J]. Phys Rev Lett, 2000,85:5384-5387.

[190] Suenaga K, Tence M, Mory C, *et al*. Element-selective single atom imaging[J]. Science, 2000,290:2280-2282.

[191] Smith B W, Luzzi D E, Achiba Y. Tumbling atoms and evidence for charge transfer in $La_2@C_{80}$@SWNT[J]. Chem Phys Lett, 2000,331:137-142.

[192] Routkevitch D, Bigioni T, Moskovits M, *et al*. Electrochemical fabrication of CdS nanowire arrays in porous anodic aluminum oxide templates[J]. J Phys Chem, 1996,100:14037-14047.

[193] Matui K, Pradhan B K, Kyotani T, *et al*. Formation of nickel oxide nanoribbons in the cavity of carbon nanotubes[J]. J Phys Chem B, 2001,105:5682-5688.

[194] Matui K, Kyotani T, Tomita A. Hydrothermal synthesis of single-crystal Ni(OH)2 nanorods in carbon-coated anodic alumina film[J]. Adv Mater, 2002,14:1216-1219.

[195] Ferre R, Ounadjela K, George J M, *et al*. Magnetization processes in nickel and cobalt electrodeposited nanowires. Phys Rev B, 1997,56:14066-14075.

[196] Kyotani T, Tsai L F, Tomita A. Preparation of ultrafine carbon tubes

in nanochannels of an anodic aluminum oxide film. Chem Mater, 1996,8:2109-2113.

[197] Hsu W K, Hare J P, Terrones M, *et al*. Condensed-phase nanotubes. Nature, 1995,377:687-687.

[198] Hsu W K, Terrones M, Terrones H, *et al*. Electrochemical formation of novel nanowires and their dynamic effects. Chem Phys Lett, 1998,284:177-183.

[199] Hsu W K, Li J, Terrones H, *et al*. Electrochemical production of low-melting metal nanowires. Chem Phys Lett, 1999,301:159-166.

[200] Ugarte D, Stockli T, Bonard J M, *et al*. Filling carbon nannotubes. Appl Phys A, 1998,67:101-105.

[201] Sloan J, Cook J, Heesom J R, *et al*. The encapsulation and in situ rearrangement of polycrystalline SnO inside carbon nanotubes. J Cryst Growth, 1997,173:81-87.

[202] Zhao L P, Gao L. Filling of multi-walled carbon nanotubes with tin (IV) oxide. Carbon, 2004, 42, 3269-3272.

[203] Kiang C H, Choi J S, Tran T T, *et al*. Molecular nanowires of 1 nm diameter from capillary filling of single-walled carbon nanotubes. J Phys Chem B, 1999,103:7449-7751.

[204] Zhang Z L, Li B, Shi Z J, *et al*. Filling of single-walled carbon nanotubes with silver. Mater Res, 2000,15:2658-2661.

[205] Monthioux M. Filling single-wall carbon nanotubes. Carbon, 2002, 40:1809-1823.

[206] Tsang S C, Davis J J, Green M L H, *et al*. Chem. Commun. , 1995, 1803-1804.

[207] Davis J J, Green M L H, Hill H A, *et al*. Inorg Chim Acta, 1998,

261-266.

[208] Demoncy N, Stephan O, Brun N, *et al*. Filling carbon nanotubes with metals by the arc-discharge method: The key role of sulfur. J European Phys B, 1998, 4:147-157.

[209] Demoncy N, Stephan O, Brun N, *et al*. Sulfur: the key for filling carbon nanotubes with metals. Synth Metals, 1999, 103:2380-2383.

[210] Satio Y. Nanoparticles and filled nanocapsules. Carbon, 1995, 33: 979-988.

[211] Satio Y, Yoshikawa T, Okuda M, *et al*. Synthesis and electron-beam incision of carbon nanocapsulaes encaging YC2[J]. Chem Phys Lett, 1993, 209:72-76.

[212] Satio Y, Nishikubo K, Kawabata K, *et al*. Carbon nanocapsules and single-layered nanotubes produced with platinum-group metals (Ru, Rh, Pd, Os, Ir, Pt) by arc discharge[J]. J Appl Phys, 1996, 80: 3062-3067.

[213] Dravid V P, Host J, Teng M H, *et al*. Controlled-size nanocapsules [J]. Nature 1995, 374:602-602.

[214] Hsin Y L, Hwang K C, Chen F R, *et al*. Production and in-situ metal filling of carbon nanotubes in water[J]. Adv Mater, 2001, 13: 830-833.

[215] Wang Z Y, Zhao Z B, Qiu J S, *et al*. In-situ synthesis of long nanowires inside coal-derived carbon nanotubes[C]. In Carbon'2005, Gyeongju, Korean. July 3-7, 2005.

[216] Grobert N, Hsu W K, Zhu Y Q, *et al*. Enhanced magnetic coercivities in Fe nanowires[J]. Appl Phys Lett, 1999, 75:3363-3365.

[217] Leonhardt A, Ritschel M, Kozhuharova R, *et al*. Synthesis and prop-

erties of filled carbon nanotubes[J]. Diamond Relat Mater, 2003, 12: 790-793.

[218] Sinha A K, Hwang D W, Hwang L P. A novel approach to bulk synthesis of carbon nanotubes filled with metal by a catalytic chemical vapor deposition method[J]. Chem Phys Lett, 2000, 332:455-460.

[219] Sen R, Govindaraj A, Rao C N R, *et al*. Carbon nanotubes by the metallocene route[J]. Chem Phys Lett, 1997, 267:276-280.

[220] Grobert N, Mayne M, Terrones M, *et al*. Alloy nanowires: Invar inside carbon nanotubes[J]. Chem Commun, 2001, 471-472

[221] Elias A L, Rodriguez-Manzo J A, McCartney M R, *et al*. Production and characterization of single-crystal FeCo nanowire inside carbon nanotubes. Nano Lett, 2005, 5:457-472.

[222] Chan L H, Hong K H, Lai S H, *et al*. The formation and characterization of palladium nanowires in growing carbon nanotubes using microwave plasma-enhanced chemical vapor deposition[J]. Thin Solid Films, 2003, 423:27-32.

[223] Pan Z W, Xie S S, Chang B H, *et al*. Very long carbon nanotubes [J]. Nature, 1998, 394:631-632.

[224] Kyotani T, Tsai L F, Tomita A. Formation of platinum nanorods and nanopracticles in uniform carbon nanotubes prepared by a template carbonization method[J]. Chem Commun, 1997, 701-702.

[225] Pradhan B K, Toba T, Kyotani T, *et al*. Inclusion of crystalline iron oxide nanoparticles in uniform carbon nanotubes prepared by a template carbonization method[J]. Chem Mater, 1998, 10:2510-2515.

[226] Bao J C, Tie C Y, Xu Z, *et al*. A facile method for mreating an array of metal-filled carbon nanotubes [J]. Adv Mater, 2002, 14:

1483-1486.

[227] Che G L, Lakshmi B B, Martin C R, *et al*. Metal-nanocluster-filled carbon nanotubes: catalytic properties and possible applications in electrochemical energy storage and production[J]. Langmuir, 1999, 15:750-758.

[228] Kumar T P, Ramesh R, Lin Y Y, *et al*. Tin-filled carbon nanotubes as insertion anode materials for lithium-ion batteries[J]. Electrochem Commun, 2004, 6:520-525.

[229] Garcia-Vidal F J, Pitarke J M, Pendry J B. Silver-filled carbon nanotubes used as spectroscopic enhancers[J]. Phys Rev B, 1998, 58: 6783-6786.

[230] Tasis D, Tagmatarchis N, Bia A, *et al*. Chemistry of carbon nanotubes[J]. Chem Rev, 2006, 106:1105-1136.

[231] Jankovic L, Gournis D, Trikalitis P N. Carbon nanotubes encapsulating superconducting single-crystalline tin nanowires[J]. Nano Lett, 2006, 6:1131-1135.

[232] Elias A L, Rodriguez—Manzo J A, McCartney M R. Production and characterization of single—crystal FeCo nanowires inside carbon nanotubes[J]. Nano Lett, 2005, 5:467-472.

[233] Liu Z W, Bando Y. A novel method for preparing copper nanorods and nanowires[J]. Adv Mater, 2003, 15:303-305.

[234] Guldi D M, Martin N. Carbon nanotubes and related structures[M]. GRE:Wiley-VCH press, 2010.

[235] Liu Z P, Yang Y, Liang J B, *et al*. Synthesis of copper nanowires via a complex- surfactant-assisted hydrothermal reduction process[J]. J Phys Chem B, 2000, 107:12658-12661.

[236] Monson C F, Wolley A T. DNA-templated construction of copper nanowires[J]. Nano Lett, 2003, 3:359-363.

[237] Yen M Y, Chiu C W, Hsia C H, *et al*. Synthesis of cable-like Cu nanowires[J]. Adv Mater, 2003, 15:235-237.

[238] Chang Y, Lye L M, Zeng C H. Large-Scale Synthesis of high-quality ultralong Cu nanowires[J]. Langmuir, 2005, 21:3746-3748.

[239] Wen X G, Xie Y T, Choi C L, *et al*. Copper-based nanowire materials: Templated syntheses, characterizations, and applications[J]. Langmuir, 2005,21:4729-4737.

[240] Zhang G Y, Wang E G. Cu-filled carbon nanotubes by simultaneous plasma assisted copper incorporation[J]. Appl Phys Lett, 2003,82:1926-1928.

[241] Setlur A A, Dai J Y, Lauerhaas J M, *et al*. Formation of filled carbon nanotubes and nanoparticles using polycyclic aromatic hydrocarbon molecules[J]. Carbon, 1998,36: 721-723.

[242] Ivanov V, Nagy J B, Lambin P, *et al*. Catalytic production and purification of nanotubules having fullerene-scale diameters[J]. Chem Phys Lett, 1994,223: 329-335.

[243] Ong T P, Xiong F, Chang R P H, *et al*. Nucleation and growth of diamond on carbon-implanted single crystal copper surfaces[J]. J Mater Res, 1992,7:2429-2439.

[244] Gan, B, Ahn J, Zhang Q, *et al*. Branching carbon nanotubes deposited in HFCVD system[J]. Diamond Relat Mater, 2000, 9:897-900.

[245] Qin, Y, Zhang Q, Cui Z L. Effect of synthesis method of nanocopper catalysts on the morphologies of carbon nanofibers prepared by catalytic decomposition of acetylene[J]. J Catal, 2004,223:389-394.

[246] Setlur A A, Lauerhaas J M, Dai J Y, *et al*. A method for synthesizing large quantities of carbon nanotubes and encapsulated copper nanowires[J]. Appl Phys Lett, 1996,69:345-347.

[247] Yosida Y. A new type of ultrafine particles: Rare earth dicarbide crystals encapsulated in carbon nanocages[J]. Physica B, 1997,229: 301-305.

[248] Xu C G, Sloan J, Brown G, *et al*. 1D lanthanide halide crystals inserted into single-walled carbon nanotubes[J]. Chem Commun, 2000, 2427-2428.

[249] Cao L, Chen H Z, Li H Y, *et al*. Fabrication of rare-earth biphthalocyanine encapsulated by carbon nanotubes using a capillary filling method[J]. Chem Mater, 2003,15:3247-3249.

[250] Wang X, Li Y D. Fullerene-like rare-earth nanoparticles[J]. Angew Chem Int Ed, 2003,42:3497-3500.

[251] Wang X, Li Y D. Rare-earth-compound nanowires, nanotubes, and fullerene-Like nanoparticles-synthesis, characterization, and properties[J]. Chem Eur J, 2003,9: 5627-5635.

[252] Mai H X, Zhang Y W, Si R, *et al*. High-quality sodium rare-earth fluoride nanocrystals: controlled synthesis and optical properties[J]. J Am Chem Soc, 2006,128:6426-6436.

[253] Carcer I A, Herrero P, Landa-Canovas A R, *et al*. Nanocrystals of cerium and europium trifluorides generated by coaxial taylor cone electrospray of aqueous solutions at room temperature[J]. Appl Phys Lett, 2005,87:053105-1.

[254] Wang X, Zhuang J, Peng Q, *et al*. Hydrothermal synthesis of rare-earth fluoride nanocrystals. Inorg Chem, 2006, 45:6661-6665.

[255] Wang X, Zhuang J, Peng Q, *et al*. A general strategy for nanocrystal synthesis[J]. Nature, 2005,437:121-124.

[256] Lemyre J L, Ritcey A M. Synthesis of lanthanide fluoride nanoparticles of varying shape and size[J]. Chem Mater, 2005, 17:3040-3043.

[257] Zhang Y W, Sun X, Si R, *et al*. Single-crystalline and monodisperse LaF3 triangular nanoplates from a single-source precursor[J]. J Am Chem Soc, 2005,127:3260-3261.

[258] Oya A, Otani S. Catalytic graphitization of carbons by various metals [J]. Carbon, 1979,17:131-137.

[259] Ajayan P M, Nugent J M, Siegel R W, *et al*. Growth of carbon micro-trees. Nature, 2000,404:243-243.

[260] Sun X M, Li Y D. Ag@C core/shell structured nanoparticles: Controlled synthesis, characterization, and assembly. Langmuir, 2005, 21:6019-6024.

[261] Sun X M, Li Y D. Colloidal carbon spheres and their core/shell structures with noble-metal nanoparticles. Angew Chem Int Ed, 2004, 43: 597-601.

[262] Sun X M, Li Y D. Cylindrical silver nanowires: Preparation, structure, and optical properties. Adv Mater, 2005, 17:2626-2630.

[263] Luo L B, Yu S H, Qian H S, *et al*. Large-scale fabrication of flexible silver-cross-linked poly(vinyl alcohol) coaxial nanocables by a facile solution approach. J Am Chem Soc, 2005, 127:2822-2823.

[264] Yu S H, Cui X J, Li L L, *et al*. From starch to metal-carbon hybrid nano[J]structures hydrothermal metal-catalyzed carbonization. Adv Mater, 2004, 16:1636-1640.

[265] Luo L B, Yu S H, Qian H S, *et al*. Large scale synthesis of uniform

silver@carbon rich composite (carbon and cross-linked PVA) sub-microcables by a facile green chemistry carbonization approach[J]. Chem Commun, 2006, 793-795.

[266] Gong J Y, Luo L B, Yu S H, *et al*. Synthesis of copper/cross-linked poly(vinyl alcohol) (PVA) nanocables via a simple hydrothermal route[J]. J Mater Chem, 2006, 101-105.

[267] Qian S H, Yu S H, Luo L B, *et al*. Synthesis of uniform Te@carbon-rich composite nanocables with photoluminescence properties and carbonaceous nanofibers by the hydrothermal carbonization of glucose [J]. Chem Mater, 2006, 18:2102-2108.

[268] Deng B, Xu A W, Chen G Y. Synthesis of copper-core/carbon-sheath nanocables by a surfactant-assisted hydrothermal reduction/carbonization process[J]. J Phys Chem B, 2006, 110:11711-11716.

[269] Wang W Z, Xiong S L, Chen L Y, *et al*. Formation of flexible ag/c coaxial nanocables through a novel solution process[J]. Cryst Growth Des, 2006, 6:2422-2426.

[270] Sun Y G, Gates B, Mayers B, *et al*. Crystalline silver nanowires by soft solution processing[J]. Nano Letter, 2002, 2:165-168.

[271] Im S H, Lee Y T, Wiley B, *et al*. Large-scale synthesis of silver nanocubes the role of HCl in promoting cube perfection and monodispersity[J]. Angew Chem Int Ed, 2005, 117:2192-2195.

[272] Sun Y G, Xia Y N. Large-scale synthesis of uniform silver nanowires through a soft, self-seeding, polyol process[J]. Adv Mater, 2002, 14:833-837.

[273] Sun Y G, Mayers B, Herricks T, *et al*. Polyol synthesis of uniform silver nanowires a plausible growth mechanism and the supporting evi-

dence[J]. Nano Lett, 2003, 3:955-960.

[274] Sun Y G, Xia Y N. Shape-controlled synthesis of gold and silver nanoparticles[J]. Science, 298:2176-2179.

[275] Wiley B, Sun Y G, Mayers B, *et al*. Shape-controlled synthesis of metal nanostructures the case of silver[J]. Chem Eur J, 2005, 11: 454-463.